SUPERサイエンス

「水」という物質の不思議な科学

名古屋工業大学名誉教授
齋藤勝裕 Saito Katsuhiro

C&R研究所

■本書について

● 本書は、2022年12月時点の情報をもとに執筆しています。

●本書の内容に関するお問い合わせについて

この度はC&R研究所の書籍をお買いあげいただきましてありがとうございます。本書の内容に関するお問い合わせは、「書名」「該当するページ番号」「返信先」を必ず明記の上、C&R研究所のホームページ(https://www.c-r.com/)の右上の「お問い合わせ」をクリックし、専用フォームからお送りいただくか、FAXまたは郵送で次の宛先までお送りください。お電話でのお問い合わせや本書の内容とは直接的に関係のない事柄に関するご質問にはお答えできませんので、あらかじめご了承ください。

〒950-3122　新潟市北区西名目所4083-6
株式会社C&R研究所　編集部
FAX 025-258-2801
『SUPERサイエンス「水」という物質の不思議な科学』サポート係

はじめに

水はどこにでもあるありふれた物質ですが、その性質は複雑で、謎に満ちています。昔から多くの化学、物理、生物、地学、地球物理、気象などの研究者がそれぞれの立場から研究し、多くの研究論文、解説書籍を発表してきました。中でも多いのは化学関係のものでしょう。というのは、水は化学物質であり、水分子を正面切って研究するとなると、化学の手法、理論を用いるのが便利で有利だからです。

しかし、水の性質は化学に関係したものだけではありません。水は地球と同時に誕生し、その間、水は地球の地勢、地形を造形し、気候を支配し、生命を生み、生命を育み、人間の社会活動におけるエネルギー源としての役割を果たしてきました。つまり人間との運命共同体でもあります。

本書はこのような水の性質を「化学の観点」に限らず、広く物理、生物、気候、産業など「科学全分野との関わり」の中で見直してみようという観点から作られたものです。

本書によって水の複雑で広範な性質をご覧いただき、その影響の広さと大きさをご理解いただければ嬉しいことと思います。また、本書をより詳しく化学的に理解したい方は、水を化学の観点から説いた書籍と併せて読んでいただけたら、さらに興味深く読んでいただけるものと思います。

2022年12月

齋藤勝裕

CONTENTS

CONTENTS

Chapter 4 水溶液の科学

Chapter 5 水の循環

CONTENTS

CONTENTS

Chapter 8 不思議な水

Chapter. 1
生活に欠かせない水との関係

海水と淡水

水は私たち人間だけでなく、すべての生物にとって欠かせない重要なものです。もし地球上に水が無かったら、すべての生物は生命を維持することができないどころの話ではなく、そもそも地球上に生命体は発生しなかったことでしょう。

DHMOに対する告発状

次の文面はアメリカの高校生の有志が、ＤＨＭＯの危険性を多くの人に知ってもら

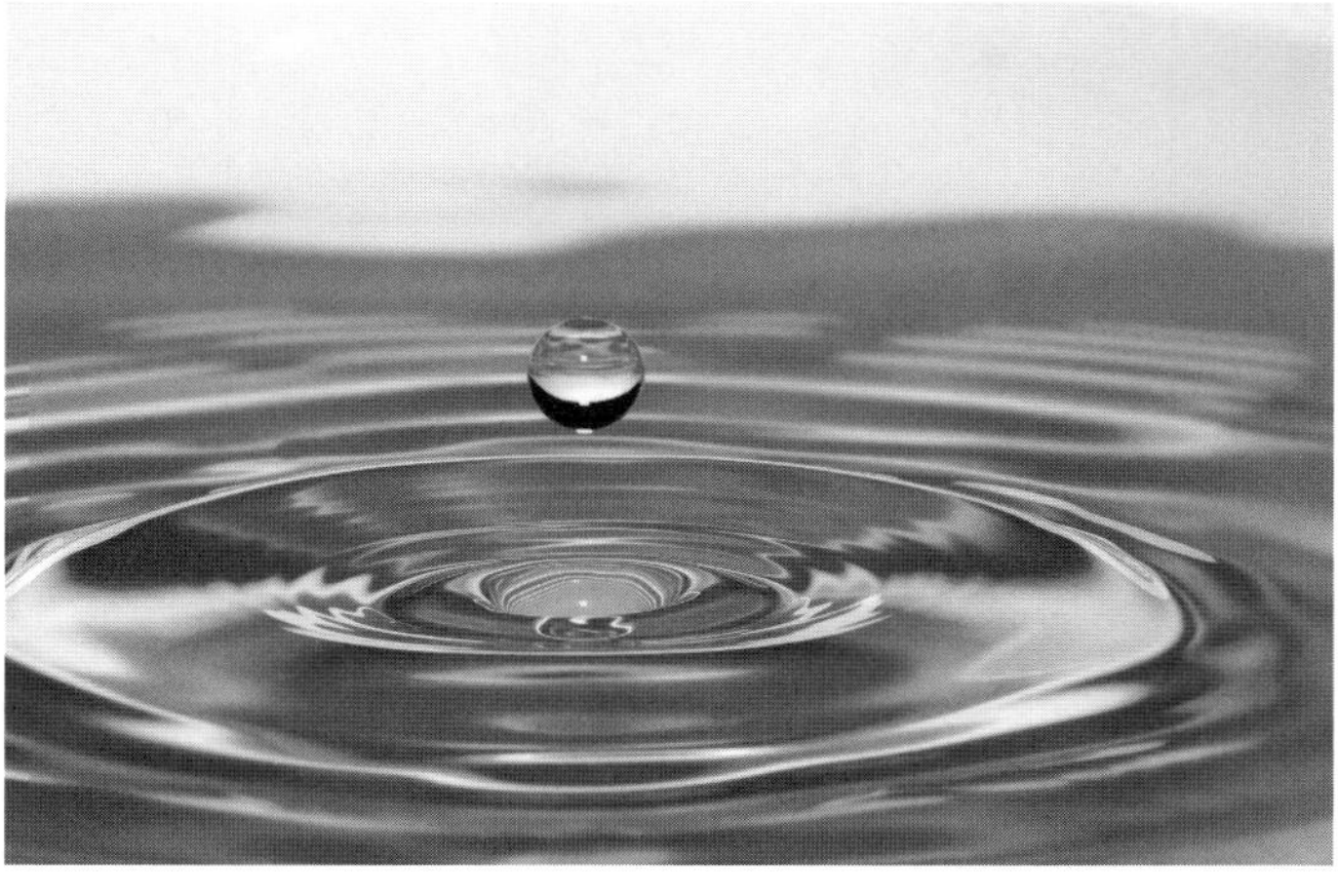

いたいという趣旨で作った告発状です。

「DHMOは酸性雨の主成分であり、あらゆる種類のガン細胞に含まれています。固体状態のDHMOに長時間接すると皮膚を損傷し、大量のDHMOによる窒息が原因で毎年多くの死者が出ています。この物質は金属を腐食します。DHMOが液体から固体に転じる際の体積変化の異常さが配管を破損するという事故も昔から知られています。この物質は時として私たちの視界を悪くして交通事故の原因ともなります。現在この物質は全国の工場から環境中に放出され続けています。排出規制の実現への署名を求められたらあなたは応じますか?」

この告発文を読んだ周囲の大人の80%は、署名に応じると答えたそうです。あなたならどうしますか?

DHMOとは聞いたことの無い物質ですが、これは「DiHydrogen MonoOxide(一水素化酸素H_2O)」の略、つまり「水」のことなのです。

生命を維持するのに必須という大切な水なのですが、別の面から見ればこのように危険で恐ろしい物質でもあるのです。水は本当に不思議な物質です。

海水

海水は3・5％程度の塩類と微量金属を含む中性の水で、地球上の海水の量は約13・7億立方キロメートルです。地球上の水分の97％を占めます。これは、地球上に海が形成された当時、海水は酸性であり、それにより地殻を溶かし、アルカリ金属・アルカリ土類金属などが海水中に溶け込み、その結果、海水が中和されて現在のようにほぼ中性になったという経緯によります。ただ、海水が中性になって以降も僅かながら地殻を溶かし続けており、これにより塩分濃度は徐々に上昇を続けています。

海洋の塩分は地球上の観測場所により3・1～3・8％のばらつきがあり、すべての海洋で一様というわけではありません。とくに河口や氷河の崩落する地域では汽水化されている場合があります。最も塩分が高い外洋は紅海であり、これには海水の蒸発量の多さ、降水量の少なさなどが影響しています。

人間の塩分濃度は約0・9％であり、海水の塩分濃度よりかなり低いです。海水は大量に飲まない限り害はありませんが、塩分が多く浸透圧が高すぎるため、水分の摂取に用いるのには適しません。

淡水

「水の惑星」と呼ばれる地球の表面の3分の2は水で覆われていますが、その大部分は海水であり、淡水はわずか2・5％程度に過ぎません。また、この淡水の大部分は南極や北極地域などの氷や氷河として存在しているため、地下水や河川、湖沼などの水として存在する淡水の量は地球全体の水の約0・8％にすぎず、さらにこの大部分は地下水であるため、河川や湖沼などの人が利用しやすい状態で存在する水に限ると、その量は約0・01％（10万立方キロメートル）でしかないのです。

このように実際に使うことができる水の量は意外と少ないのです。水は私たちが生きていく上で欠かせないものであり、世界各地では水資源に関するさまざまな問題が起こっています。21世紀は水の争奪の世紀になるという説もあるほどです。

国連開発計画では、「世界全体を見ると、すべての人に行き渡らせるのに十分なだけの水量が存在しているが、国によって水の流入量や水資源の分配に大きな差がある」という問題点が指摘されています。

例えば、カナダのように水資源量が利用量を大きく上回る地域もあれば、中東諸国のように大きく下回る地域もあります。また、同じ地域、国内においても、水資源と人口の分布がまったく一致しないことも多いのです。このように、水は地域により偏在する資源であると言うことができます。

その意味では、水はレアメタルのようなものなのかもしれません。レアメタルがほとんど無い日本は、その分、水資源が豊富ということで、もしかしたら神様

●豊富な水量を誇る「ナイアガラの滝」(カナダ)

はバランスをとったおつもりなのかもしれません。

汽水域

汽水は淡水と海水が混在した状態の水のことをいいます。汽水域とは、河川・湖沼および沿海などの水域のうち、汽水が占める区域のことをいいます。一般には川が海に淡水を注ぎ入れている河口部が汽水域にあたります。河口付近では密度の違いから、河川の上流から流れ込んだ淡水が上層にあり、その下に海水があるという二層構造になっており、これを塩水くさびといいます。

一般に、河口では流速が遅くなるため、底質は砂泥であることが多く、有機物の堆積も多くなります。その有機物の分解によって、泥の内部では嫌気的条件での分解が進み、悪臭を放つことがあります。しかし、このような有機物の堆積と分解のため、多くの生物を養うことができることにもなります。

硬水と軟水

水の性質としてよく知られているものに硬度があります。水には各種のミネラル、金属分が含まれますが、これを炭酸カルシウム$CaCO_3$に換算した値を硬度といいます。ミネラルをたくさん含んで硬度の高い水が硬水であり、硬度の低い水が軟水です。

日本では硬度0～100を「軟水」、101～300を「中硬水」、301以上を「硬水」に分けています。東京の水道水は硬度60前後で軟水になります。

しかし、WHO（世界保健機関）では、硬度が0～60未満を「軟水」、60～120未満を「中程度の軟水」、120～180未満を「硬水」、180以上を「非常な硬水」としています。

「男酒」として知られる灘（神戸）の酒を仕込む「宮水」

●WHOの水の硬度の分類

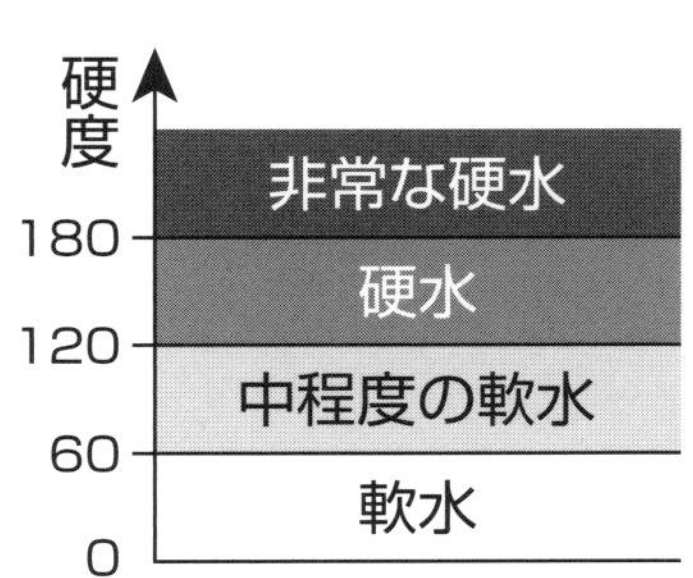

は六甲山脈を通ってミネラルを溶かし込んだ硬水ですが、「女酒」として知られる伏見（京都）の酒は軟水で仕込まれるといいます。

硬水は北欧の水に多いです。アメリカでは東部・南部・太平洋岸では軟水が多く、南西部は硬水が多くなります。日本では関東地方の一部や南西諸島で硬水が見られますが、ほとんどの地域の水は軟水です。

人体との関係

硬水と軟水、どちらが美味しいかは人の好みによりますが、ミネラルウォーターとして知られるエビアンは硬度300です。

水に含まれるミネラルが多くなるほど口

当たりが重く癖の強い味になるため、ミネラルを多く含む硬水は軟水と比べて飲みにくく、飲用に適さないものが多いといわれます。また、水分子と強く結合(水和)するマグネシウムイオンMg^{2+}は体内に吸収されにくいです。これを人間が摂取すると大腸に長時間留まって水分の吸収を阻害するため、腸内に水分が溜まり下痢をひき起こすことがあります。

一方で硬水の中でも飲用に適するものも存在し、ミネラルを補給するための飲料として販売されているものもあります。

工業との関係

硬水が蒸発すると、含まれていた塩類が析出します。したがって、洗浄に用いた場合などはすぐに拭き取らないと表面に白い斑点が生じます。ボイラーに用いた場合には缶石(水垢)が生じるため、パイプ詰まりを起こしたり、熱効率を著しく低下させたりします。染色ではカルシウムイオンCa^{2+}が染料と反応し、不溶性の色素が生じ、それが繊維と結びつくため、色むらが生じることがあります。

料理との関係

料理に使う場合は軟水の方が適している場合が多いです。しかし、肉の煮込み料理の場合は、余分なタンパク質などを灰汁（あく）として抜き出し、肉を軟らかくする効果があるため硬水が適しているといいます。

また、硬水は糊化を抑制するため、パスタでは塩を入れなくてもアルデンテができ、ジャガイモの煮崩れが抑制され、豆や米では硬く炊きあがります。コーヒーでは浅煎りのアメリカンに軟水を用いることで豆本来のよい香りとさっぱりした味を楽しむことができるといいます。一方、深煎りのエスプレッソには硬水を用いることで渋味の成分がカルシウムなどに結びついて、苦みや渋みが除かれ、まろやかさが増しコクが加わるそうです。

ただし、硬水は昆布のグルタミン酸や鰹節のイノシン酸のようなうま味成分の抽出を阻害するので、和食では軟水の使用が望ましいとされます。

SECTION

03 上水道と下水道

現代の日本に住む私たちは、水道の栓を開けば飲み水が流れ、汚れた水は自動的に下水に流れ去るものと思っています。確かに上水道の普及率は高く、現在ではほぼ100%に近くなっています。しかし、下水道の普及率は、県によって100%近くの所がある一方、低い所では20%未満の所まであり、全国平均は80%ほどとなっています。

上水道

わが国では上水道の普及率は高く、ほぼ全ての国民が上水道を利用しています。上水道の水源は河川、湖沼、地下水の三種があります。水源から採取された原水はさまざまな手段で浄化され、法律による水質基準を満たしたのち、水道水として各家庭や事業所に供給されます。
一般的な水質浄化法は次のようなものです。

❶ 沈殿ろ過

ごみや粘土を除くのが沈殿処理です。しかし、濁りは非常に細かい粒子の集合であり、そのままでは沈殿ろ過することが困難です。そこで、高分子など、種々の凝集剤を加えて沈殿しやすくします。

❷ 砂ろ過

これらの操作で除去できなかった微粒子を、砂の間を通すことによって除きます。

❸ 塩素殺菌

最後に、殺菌のために塩素Cl_2によって殺菌します。

●上水道の水質浄化法

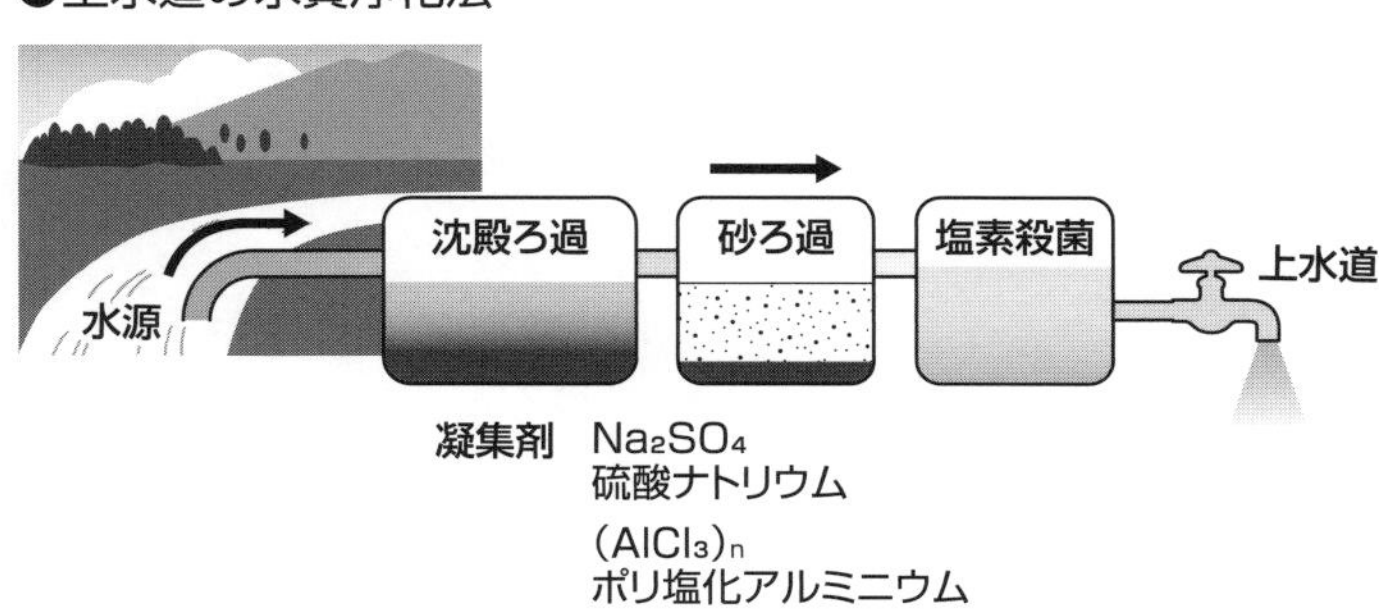

しかし、使用量が増えるといわゆるカルキ臭がすると
いって苦情が出たりします。

下水道

家庭から出る排水にはさまざまな種類の物質が含まれています。台所や風呂からの排水には各種の有機物や化学薬品が含まれ、トイレの汚水には屎尿をはじめ、生体から分泌される各種のホルモンなども含まれます。一般に下水は次のように処理されたのち、河川に廃棄されます。

❶一次処理

スクリーニングによって油やごみを除かれた汚水は沈殿槽に入り、汚泥と上澄み水に分けられます。

●下水道の水質浄化法

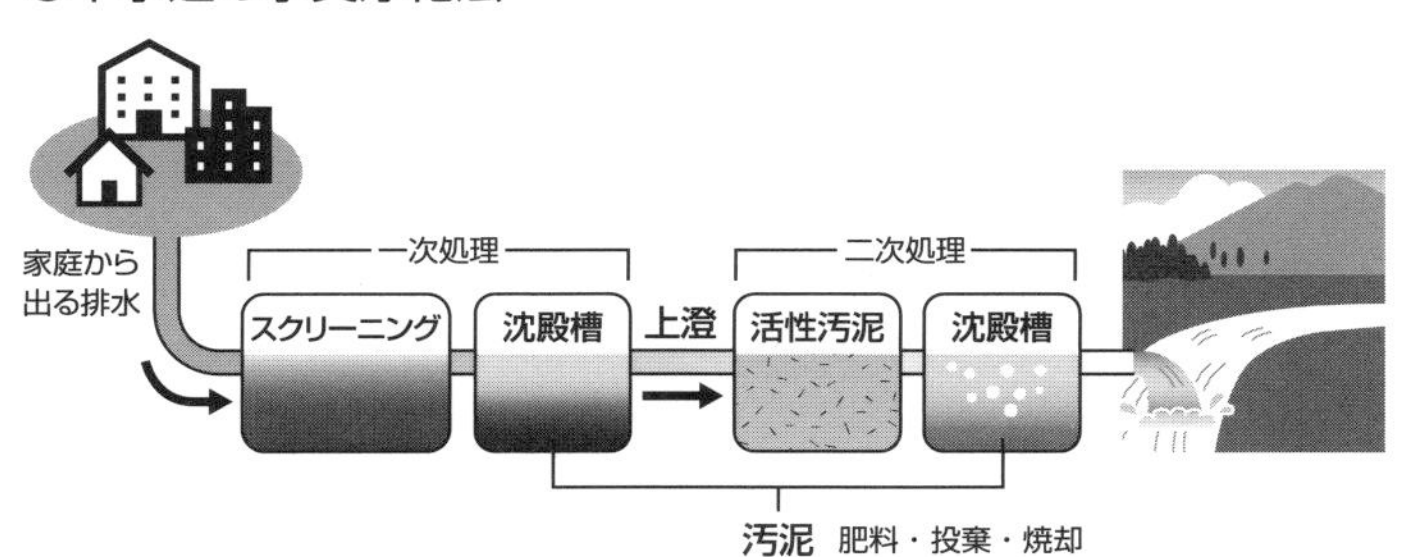

❷ 二次処理

上澄み水は酸素存在下で活動する好気性細菌によって有機物が分解されます。

❸ 沈殿処理

その後、沈殿槽で沈殿と上澄みに分けられ、上澄みだけが排出されます。沈殿槽にたまった汚泥は肥料とされたり、焼却されて埋め立てに用いられたりします。

地下水と地表水

水は地上や地下、そして大気中を長い時間をかけて循環しています。地下深くに浸透した地下水は「流入」「流動」「流出」という過程を経て、再び地上に出現する大きな循環系を構成しています。

このような地球規模での循環では、地表面や大気中の水の循環は「地表水循環系」と呼ばれ、地面より下の水の循環は「地下水循環系」と呼ばれることがあります。

流入

地下水の大部分は雨や雪などのかたちで地表面に降った水が、地面の下に流入したものです。

地下水の中には海水に由来するものもあります。太古に海だった地域が、長い年月の間に陸となり、海水が地中に残存して地下水となったものです。こうした地下水は化石海水と呼ばれ、アメリカ中西部プレーリー平原の地下水が代表的なものです。化石海水は、数千万年～数億年前に形成されたとみられています。

化石海水はもともと海水だったため、塩分を多量に含む塩水であることが多く、利用しにくい地下水です。しかし、日本の千葉県を中心に存在する化石海水は、メタンCH_4やヨウ素I_2を多量に含むため、資源として産業的に利用されています。

東京都区部や横浜市内の温泉も、同じ化石海水を利用しています。2007年に起きた渋谷の温泉施設での爆発事故は、化石海水から分離したメタンガスを適切に処理しなかったことが原因となって起きたものでした。

また、プレートテクトニクスに由来する地下水もあります。大陸プレートが他の大陸プレートの下部へ潜り込む際には、周辺の海水も一緒に引きずり込まれます。地殻内部へ引きずり込まれた海水は、マグマ熱などにより、地表近くへ上昇して地下水となるものもあり、このような地下水は、高温のため、温泉として利用されます。日本の有馬温泉などがこの例になります。

流動

地中へ浸透した直後の地下水は、その場に完全に留まるようなことはほとんどありません。地中に浸透した地下水は、再び地表に湧出して河川や池沼のような地表水となるか、地下のまま海岸線を潜り抜けて沿岸の海底に湧き出るかします。

地表の浸透能は非常に高いため、舗装の多い都市部などでない限り、降水のほとんどは、一度は地中に吸い込まれて地下水となります。同位体を用いた調査によると、洪水時でさえも、地表水は地下水から供給されていることが判明しています。すなわち、地中に浸透できなかった降水によって洪水が発生するのではなく、多量の降水が地中に浸透し、それまでの地下水が追い出されて洪水が発生するのです。

帯水層の中の地下水はゆっくりと流れ、その速度は概ね1日に数㎝から数百m、平均では1mほどです。一般に不圧地下水は被圧地下水に比べて速く流れ、特に河川に沿って流れる地下水は地上の流れに似た動きで比較的速く流れます。反対に被圧地下水の流れは遅く、ほとんど停滞しているものもあります。

一定地域内に存在する地下水の量は、流入によって増加し、地表への流出や地下を経由しての流出によって減少します。地下深くに留まっている大量の地下水の中には、流入量が少ないものがあり、井戸などによって人工的に大量の水を汲み出すと貯留量は急速に減少し、場合によっては枯渇してしまいます。

地下水が地下に留まっている平均時間は「滞留時間」といいます。滞留時間には長短いろいろあり、オーストラリアの大鑽井盆地（だいさんせいぼんち）では１１０万年以上と長く、反対に黒部川扇状地の砂丘では短くて０・14年と推定されています。

地下水の用途

地下水のうち、浅いところにあるものは地下水流となって地上に湧き出し、河川水となって上水道に混じります。富士山をはじめ各地の火山の山裾に湧きだす水は各種鉱物を含んだミネラル水として飲料に喜ばれています。また、地下水のうち深部にあって地熱で温められたものは温泉として利用されます。

現代社会において地下水は重要な水資源であり、各種の用途に用いられています。私たちの健康に直結するものとしては、昔だったら井戸水として直接、飲料水となりました。現在も上水道水として利用されている井戸水もあります。

地下水は工業においても原料の一部としてだけでなく、冷却水、洗浄水、スチームなどの熱媒体として大量に用いられます。そのため、地下水のくみ上げによる地盤沈下が深刻な問題になることもあります。

アメリカのシェールガス（メタンガス）掘削では、地下2000mほどの深さにあるシェール（頁岩）層に大量の水を吹き込んでシェール層を破砕し、メタンガスを回収します。この破砕用の水に現地の浅い地底にある地下水を利用します。このため、地盤沈下、局地地震などが起こり、環境問題となっています。

●シェールガスの採掘法

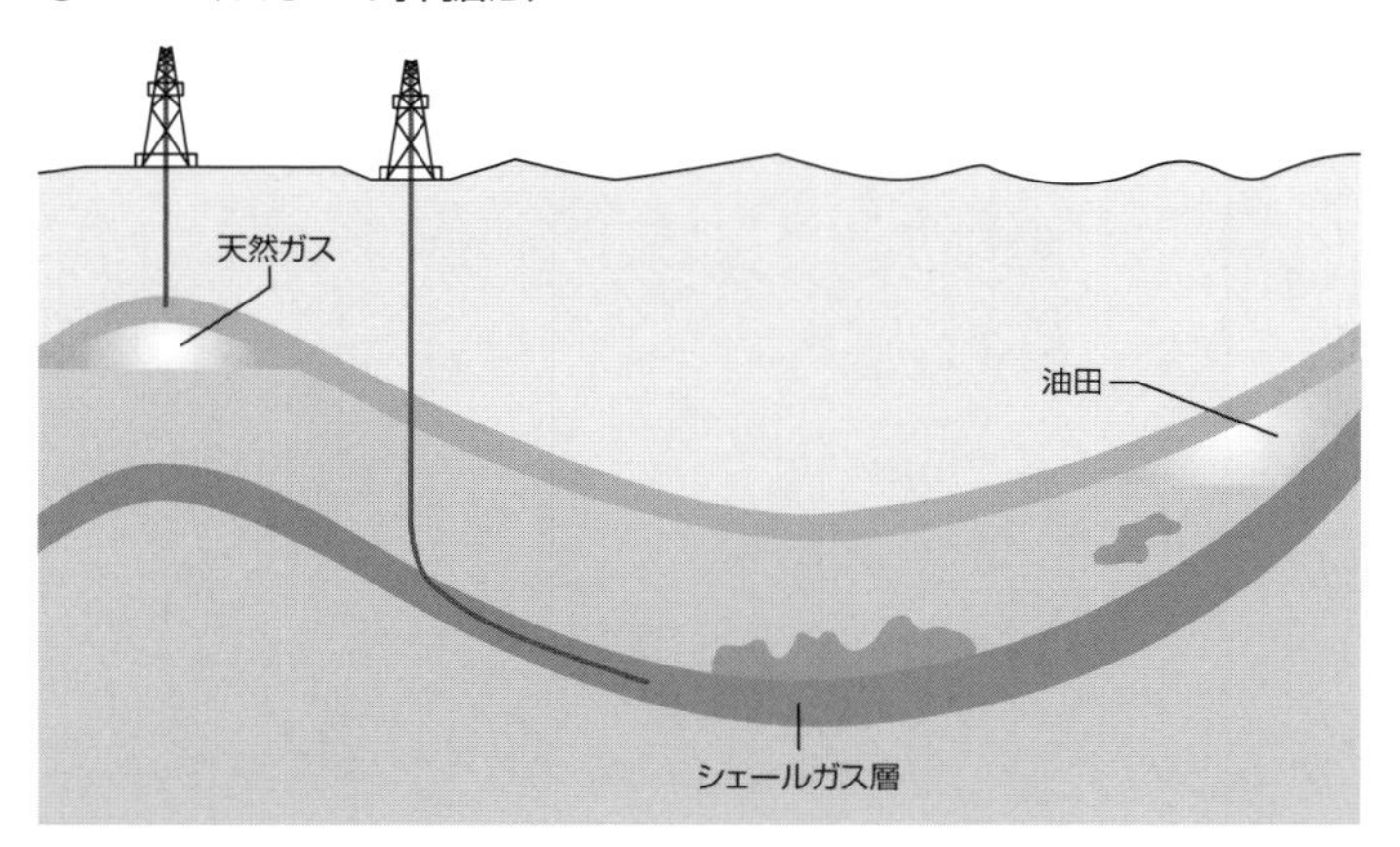

温泉

日本には温泉地といわれる場所が3000カ所以上あり、そこに温泉施設が総計2万カ所以上あります。源泉にいたっては2万7000カ所以上と、日本全国いたるところに温泉があるといっても良い状態です。

これだけ温泉が多いのに、ある温泉は美人になる、ある温泉は内科疾患に良いなど温泉ごとに個性があります。温泉の泉質の違いはどこにあるのでしょうか?

源泉の温度

温泉の定義は温泉法によって決まっていますが、それによると温泉は温かいものだけではありません。冷たくても温泉と呼ばれるものもあります。地下から湧きだす水は一般に鉱泉といわれ、温度によって次のように分類されます。

①冷鉱泉……泉温25℃未満
②低温泉……泉温25℃以上34℃未満
④温泉………泉温34℃以上42℃未満
⑤高温泉……泉温42℃以上

成分による分類

温泉の泉質は、温泉に含まれている化学成分の種類とその含有量によって10種類に分類されています。主なものを見てみましょう。

❶単純温泉

温泉水1kg中の溶存物質量1000㎎未満の温泉です。このうちpH8・5以上のものを「アルカリ性単純温泉」といいます。アルカリ性単純温泉は、入浴すると肌のタンパク質がとけてヌルヌルします。そのため「美人の湯」として宣伝されることがありますが、もちろん「肌美人」です。

❷ 塩化物泉

温泉水1kg中に溶存物質量が1000mg以上あり、陰イオンの主成分が塩化物イオンCl^-のものです。海水が混じるとこの温泉になります。日本では比較的多い泉質です。

❸ 二酸化炭素泉

温泉水1kg中に遊離炭酸ガス(二酸化炭素)が1000mg以上含まれているものです。入浴すると全身に炭酸ガスの泡が付着して爽快感があります。要するに炭酸飲料の温泉です。

❹ 含鉄泉

温泉水1kg中に総鉄イオン(Fe^{2+}またはFe^{3+})が20mg以上含まれているものです。温泉が湧出して空気に触れると、鉄が酸化され、赤褐色になります。有馬温泉の金の湯が有名です。

❺ 酸性泉

温泉水1kg中に水素イオンが1mg以上含まれているものです。ヨーロッパ諸国ではほとんど見られない泉質ですが、日本では各地で見ることができます。秋田県の玉川温泉はpH1・2という強酸性であり、入浴時の注意書きがあるそうです。

❻ 放射能泉

温泉水1kg中にラドンRnが一定量以上含まれているものです。ラドンは放射線のうちα線を放射する放射性元素ですから、本来は危険なはずなのですが、「放射能泉（一般名：ラジウム温泉）は健康に良い」と言われます。

これに関しては「放射線ホルミシス」という説があり、それによれば「一度に大量の放射線を浴びれば危険だが、長時間にわたって少量の放射線を浴びるのは健康に良い」というのだそうです。「晩酌のいい訳」のような説ですが、晩酌を頭から否定する人は少ないようですから、この説も当たっているのかもしれません。ただし、医学的に証明されているわけではありませんから、実行するのは自己責任ということになります。

Chapter.2
水の誕生

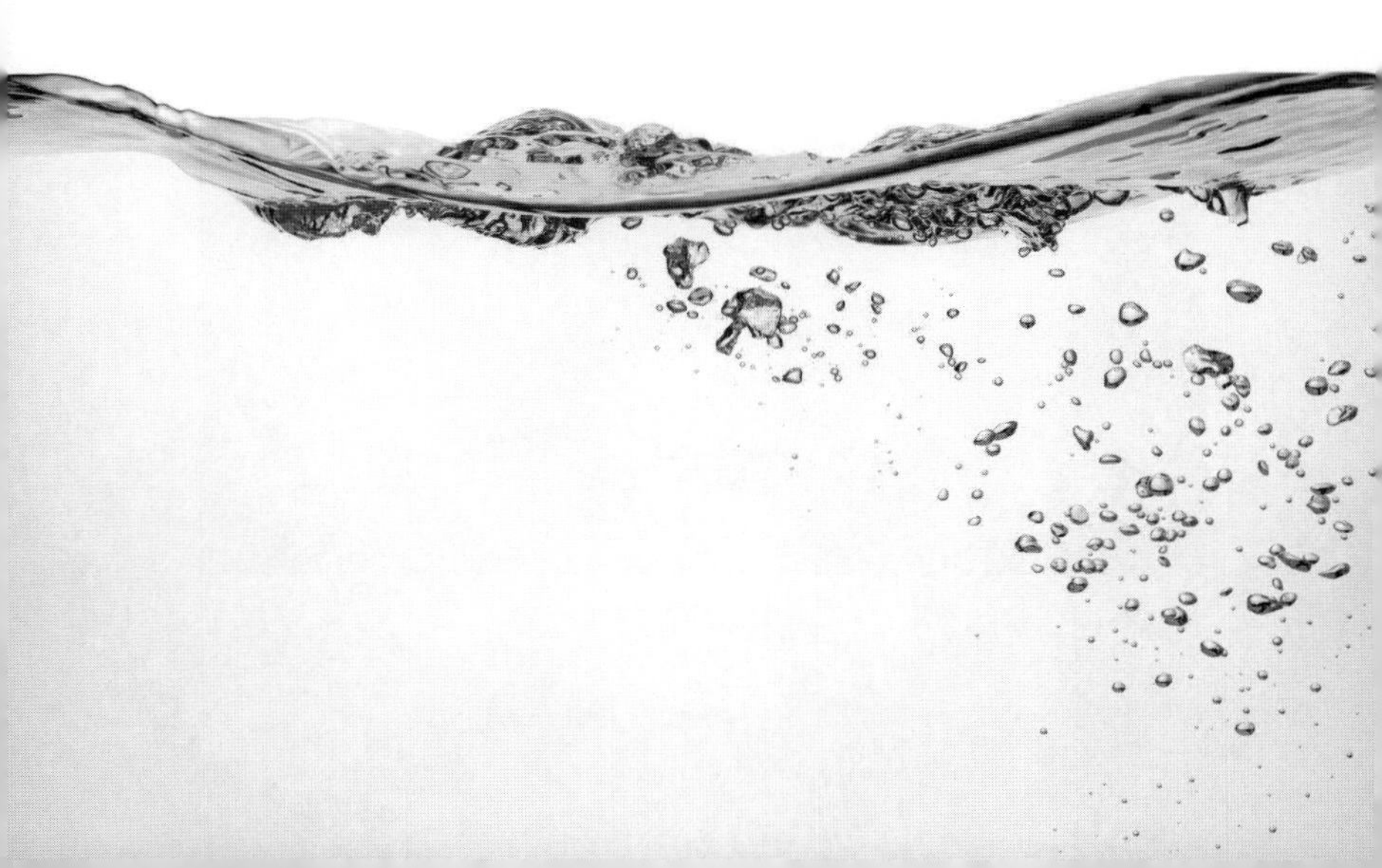

SECTION

06

宇宙誕生の大爆発

日本には「星の見える里」という、夜空が美しい山里が何カ所かあります。そこに行って夜空を眺めると満天に星が煌めき、その奥にまた星が瞬くというように、留まるところなく星が見えるといいます。

この宇宙に瞬く星はいったい何個あるのでしょうか？　この星はどれだけ先の空にまで広がっているのでしょうか？　宇宙はいつから存在し、宇宙の年齢は何歳なのでしょうか？

一体こんな質問をすることに意味がある

のでしょうか。宇宙は遥か昔から存在し、遥か未来まで変わらず存在し続ける。宇宙に年齢など無い。宇宙は時間を超越した存在だ。そう思いたくなります。

しかし、残念ながら宇宙はそれほどロマンチックなものではありません。宇宙は「変わらず存在し続ける」ほどおとなしくもありません。

ビッグバン

宇宙が誕生したのは今から138億年前です。したがって宇宙の年齢は138億歳です。これをものすごく長いと考えるか、たいしたことは無いと考えるかは人次第です。では、地球の年齢は何歳でしょうか？　46億歳です。この、宇宙の塵にも満たないような小さな地球の年齢が46億歳なのです。宇宙の年齢がその3倍でしか無いというのは、宇宙の年齢にしては短すぎると考える人がいても不思議ではありません。

とにかく、今から138億年前、ビッグバンという大爆発が起きました。そして大量の水素原子Hと少量のヘリウム原子Heが飛び散りました。これらの原子が飛び散った範囲が宇宙なのです。これらの原子は今も飛び散り続けていますから、宇宙はこの瞬間にも膨張を続けて広がっていることになります。

ビッグバンで原子が飛び散った範囲が宇宙なのですから、爆発が起きた瞬間には宇宙はまだ広がる前で、極小な点であったはずです。つまり、宇宙はその点しか無かったのですから、ビッグバンが宇宙のどこで起きたのかと聞くことはナンセンスということになります。

星の誕生

水素原子とヘリウム原子は広がりつつある宇宙に広がり、霞か霧のような状態になったことでしょう。やがて、その霞に濃いところと薄い所ができました。雲のように濃い所にはたくさんの原子がいるので重力が発生し、周囲の原子を引き寄せました。すると雲は大きく濃くなるのでさらに大きな重力が発生し、雲はますます大きく濃くなり、内部は押されて高圧になりました。

すると、原子の摩擦熱、あるいは断熱圧縮効果によって内部は高温高圧の状態になりました。その時突如、目くるめくような変化が起きました。それは高温高圧になった水素原子が、2個融合してヘリウム原子になったのです。この反応を原子核融合反応といいます。

原子核融合は莫大なエネルギー、核融合エネルギーを発生します。このエネルギーによって雲はさらに高温になり、核融合反応はさらに激しくなって雲は煌々と輝きました。これが星、恒星なのです。恒星は水素原子が原子核融合反応を起こして輝いているのです。太陽もこのような恒星の仲間です。

原子核反応のエネルギー

次ページのグラフは原子の安定性を表します。下方が低エネルギーで安定状態、上方が高エネルギーで不安定状態です。上方の原子が下方に変化すると、その分の余分なエネルギー⊿Eを放出します。核融合反応はグラフの横軸で左から右への変化です。つまり水素（原子番号1）からヘリウム（原子番号2）のように原子番号が増加する反応です。この反応では核融合エネルギーが放出されます。

このエネルギーは恒星や太陽のエネルギー、あるいは人類が作った水素爆弾のエネルギーとなっています。このエネルギーを将来は核融合発電に利用しようと、全世界共同で精力的に研究開発をしていますが、利用実現にはもう数十年はかかるといいます。

反対に右から左への反応は、大きな原子核が小さな原子核に壊れる反応であり、原子核分裂反応といいます。この反応で放出されるエネルギーは核分裂エネルギーと呼ばれ、原子爆弾や現在の原子力発電に利用されています。

星の爆発

グラフには極小があります。原子番号26

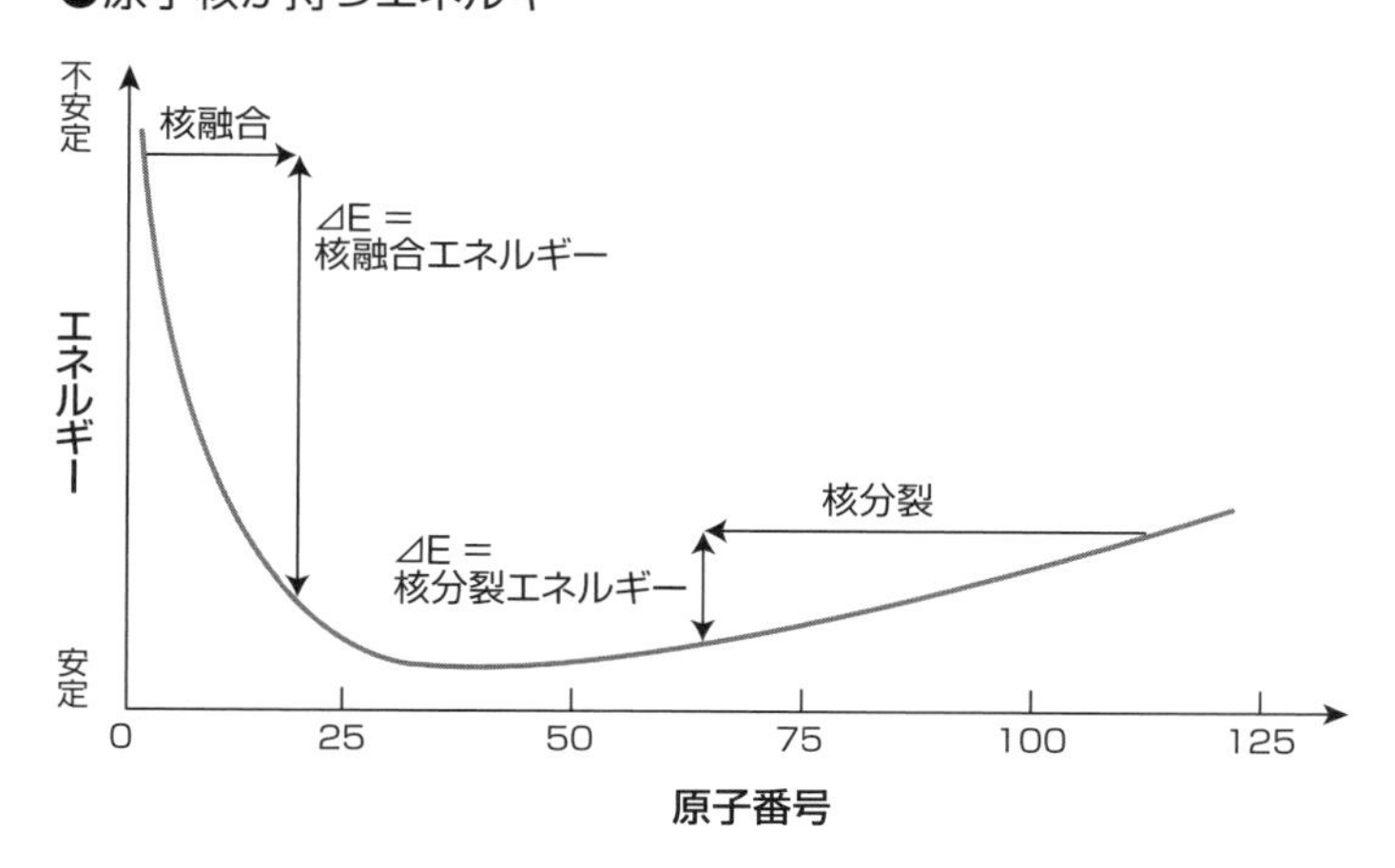

程度、鉄Feなどが相当します。これより小さい(グラフで左方)原子は核融合して原子番号が大きくなると安定化(低エネルギー化)します。つまり、エネルギーを放出します。このエネルギーで星は輝き、力でみなぎります。しかし、鉄より小さいすべての原子が核融合し、星全体が鉄になってしまうと、星はその先いくら核融合してもエネルギーを生みだすことはできなくなります。つまり、星は輝きを失い、みなぎる力を失うのです。こうなった星は重力に負けて縮んでいく以外ありません。その縮み方は尋常ではありません。原子を構成するマイナス電荷の電子雲はプラス電荷の原子核に埋め込まれてしまい、星全体が中性子となった中性子星となってしまいます。地球だったら直径1㎞ほどの球になってしまいます。こうなった星は重力バランスを失ってしまい、爆発してしまいます。

この爆発で星には大量の中性子が降り注ぐことになり、鉄原子はそれを吸収して、鉄より大きな原子に急成長します。このようにして、周期表で見る原子番号92のウラン原子に至る、大きな原子が誕生するのです。

SECTION 07

灼熱の地球の誕生

恒星の爆発によって生じた星の破片の中には、地球の自然界に存在するのと同じ種類の原子、つまり原子番号Z＝1の水素原子Hから原子番号92のウラン原子Uまでが含まれています。

このような恒星の破片が互いの引力に引かれ、導かれて同じ軌道上に集まると、引力によって吸引、集合、衝突が始まります。やがて、たまたまできた大きくて引力の強い破片に他の破片が吸引され、破片の集合が成長します。

溶岩塊としての地球

破片が吸引されて衝突すれば衝突エネルギーが発生します。このようなエネルギーが集積されて中心破片は加熱されて熔融し、灼熱の溶岩の塊となります。これが地球の母体です。そしてこの母体がほぼ完成したのが地球誕生の年と言われる46億年前のことなのです。

地球の公転軌道の近傍にあった小惑星がすべて地球の引力に引かれて地球上に落下し尽くしてしまえば、その先地球に外部からエネルギーをもたらすものはありません。それではその先の地球は熱エネルギーを宇宙空間に放出して冷えて、冷たい岩石の塊になっていくだけだったのかというとそうではありません。

原子核崩壊

今度は地球の内部に存在する不安定な原

子核が原子核崩壊を起こしました。例えば、原子番号１００の原子核が原子番号50と30と20の原子核に分解したら、この反応は原子核分裂です。核融合ほどではありませんが莫大なエネルギーが発生します。

それに対して原子核崩壊は原子が原子番号2のヘリウム原子核、中性子、電子、あるいは電磁波など、こまごまとした原子核の破片のようなものを放出して崩れていく反応です。このように放出された物を一般に放射線といいますが、この時やはりエネルギーを放出します。

このエネルギーが地球内部に蓄積するおかげで地球は誕生から46億年経った今も、冷え切った岩石の塊ではなく、内部を６０００℃という高温に保ち続けているのです。

SECTION 08

煮えたぎる水の誕生

誕生当時の地球の大気は宇宙大気と同じように、高温高圧の水素とヘリウムからできていたと思われます。しかし、水素やヘリウムは軽いため、太陽から送られてくる太陽風によって吹き飛ばされます。するとそれに代わって、できたばかりの地球が行う活発な火山の爆発によって噴出された二酸化炭素CO_2を主成分とする原始大気が地球を覆いました。

水の誕生

地球上に存在する水がどのようにしてできたのかについては、いくつかの説があります。1つは地球内部で水素と酸素が結合してできたというものです。誕生して数億年の幼い地球は融けた岩石の塊、マグマ状態で水素や酸素もマグマの中に閉じ込められていました。やがて、そこで遊離した水素と酸素が結合して、水ができたというのです。もう1つは地球の周囲にある微惑星から隕石とともにもたらされたとするものです。太陽から近い惑星では温度が高いので、水は水蒸気として存在し、惑星に取り込まれることはありません。一方、遠い場所では水は氷となるので、岩石や金属の塵と一緒に惑星の一部となります。このような水を含んだ微惑星が隕石となって地球に降り注ぎ、それが溜まって地球の水になったというのです。どちらの説にしろ、地表はマグマの熱と大気中に大量に存在した二酸化炭素による温室効果で非常に高温となっており、その温度は300℃、圧力は100気圧に達したといわれます。このため、全ての水は気体の水蒸気や分厚い雲(微水滴)となって大気に混じっていました。つまり液体となって一カ所に滞留する水はまだ存在していなかったのです。

海洋の誕生

その後、微惑星の衝突が減少すると地球の温度も下がり、溶岩も冷えて固まりました。やがて気温が下がると、水蒸気として大気中にあった水は冷えて凝縮して雨となり、大量に降り続けた結果、地表には液体の水が溜まって海が誕生しました。しかし、海とはいうものの、この頃に降った雨は高い気圧の関係で沸点が異常に高くなり、海もまた３００℃という非常に高温な熱湯を湛えたものでした。

　海ができると大気中の二酸化炭素は急速に海水に溶けて炭酸H_2CO_3となりました。この結果、大気中の二酸化炭素は希薄になり、二酸化炭素の温室効果が減って気温がさらに低下します。それと同時に水蒸気は液化して水となって海に注ぎます。すると、水蒸気という成分を失った大気は気圧も下がって現在に近い気圧になったのでした。

生物を作るアミノ酸の誕生

昔から化学物質は、有機物と無機物に二大別されます。昔は化学物質の中には、生物だけしか作ることのできない一群のものがあると考えられていました。タンパク質やその成分であるアミノ酸、あるいはデンプンや核酸などです。このようなものを特に有機物といい、それ以外の岩石や金属などを無機物といいました。

そうすると、疑問が出てきます。生命体が無ければ有機物は作られません。有機物が無ければ生命体は作られません。それでは地球上に現われた最初の有機物は誰が作ったのだという疑問です。神様が作ったのでしょうか？　それとも宇宙人でも地球に来たのでしょうか？

ユーリー・ミラーの実験

この疑問に答えたのがユーリーというシカゴ大学の教授でノーベル化学賞を授賞した化学者と、ミラーという学生の二人が行った実験でした。

二人は図のような実験装置を作りました。装置は全体が気密状態とされ、外部から遮断されています。フラスコAに水H_2O、メタンCH_4、アンモニアNH_3、水素H_2を入れ、これを常時加熱沸騰させます。ここで生じた蒸気は別の容器Bに導かれ、その内部では常時、放電が行われています。そこから導かれた蒸気は冷却され、再び加熱中のフラスコに戻されます。

この実験を1週間にわたって続け

●ユーリー・ミラーの実験

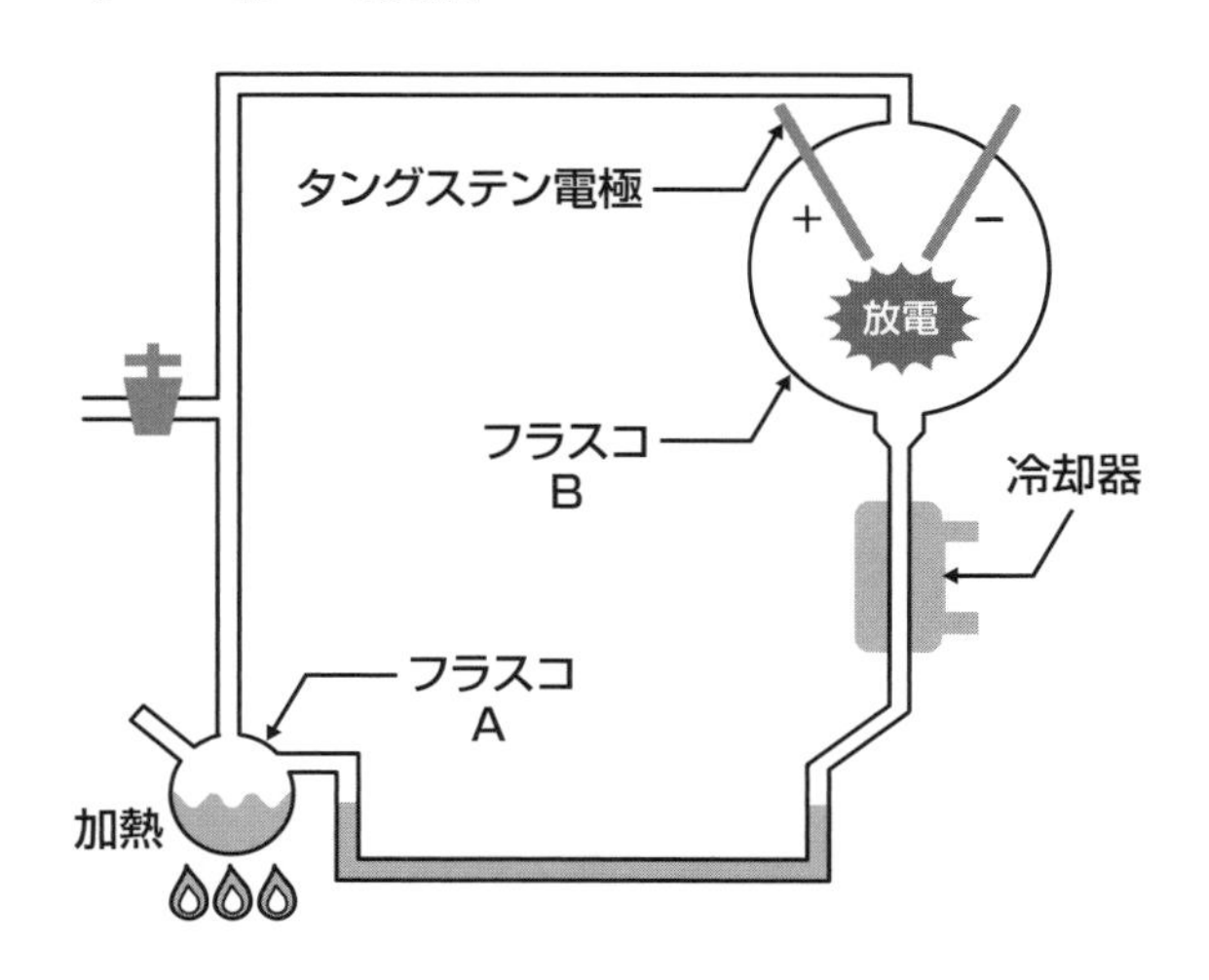

たところ、溶液は次第に着色し、最終的には赤っぽくなりました。この溶液を分析したところ、中からアミノ酸が発見されたのです。つまり、生物しか作れないはずの、有機物の中でも、特に生命に直結したタンパク質の直接の成分であるアミノ酸を、生物の力を借りないで合成することに成功したのです。

ユーリー・ミラーの実験の意味

この実験は、それまで生物しか作ることができないと考えられていた有機物が実は生物の力を借りなくても作れることを明らかにしたもので、当時としては画期的な意味をもつものでした。

しかし、当時は大きな話題になったユーリー・ミラーの実験だったのですが、現在では原始地球でアミノ酸が発生したことを証明する実験とはみなされていないのです。その理由は、この実験は反応溶液にアンモニアを入れるなどして、塩基性の条件下で行われているからです。

当時は原始地球の化学的環境がよくわからず、ユーリーたちは地球の原始大気は塩基性と思っていたようでした。しかしその後の研究で、原始地球は二酸化炭素に覆われた酸性状態であったことが明らかになりました。

酸性状態では、この実験のような条件が満たされることはありえず、アミノ酸が生成することもないことになります。最近の研究によれば、日本の宇宙探査機が小惑星から持ち帰った砂の中からアミノ酸が見つかっています。もしかしたら有機物は宇宙に広く存在しているものなのかもしれません。

しかしそれでも、有機物だけしか作ることはできないといわれた有機物が、生物のいない無機的条件下で発生しうることを示したユーリー・ミラーの実験は、ノーベル賞に値する業績といっても良いのではないでしょうか?

SECTION

10 生命の誕生と進化

灼熱の原始地球が徐々に冷えて、温度、気圧が現在の地球と同程度になり、同時に気候の極端な変動も少なくなると、いよいよ生命体の誕生です。

生命体の発見

現在発見されている最古の生命体とされるものは、西オーストラリアで見つかった35億年前のバクテリアの化石です。つまり、地球に最初の生命体が誕生したのは、地球誕生から11億年後のことだったのです。

生命体の誕生には、それだけの長い時間が必用だったということです。化石周辺の岩石を調べると、この生物が活動した場所は1000m以上の深い海底であったことがわかりました。つまり、地球最初の生命体は陸上や浅い海洋などではなく、光も届かないような海洋の深い所で誕生したものと考えられるのです。

次に誕生したのは光合成を行う生物でした。現在知られている光合成生物で最も古いのはシアノバクテリアですが、この化石も西オーストラリアの27億年前の地層から見つかっています。

光合成は二酸化炭素と水を原料として、太陽光をエネルギー源として炭水化物を作る化学反応です。したがってシアノバクテリアが光合成を行うためには光のエネルギーが必要であり、そのためには光の届く浅い海底が必要です。

深海では太陽光が届かないので光合成を行うことはできません。したがって

●シアノバクテリア

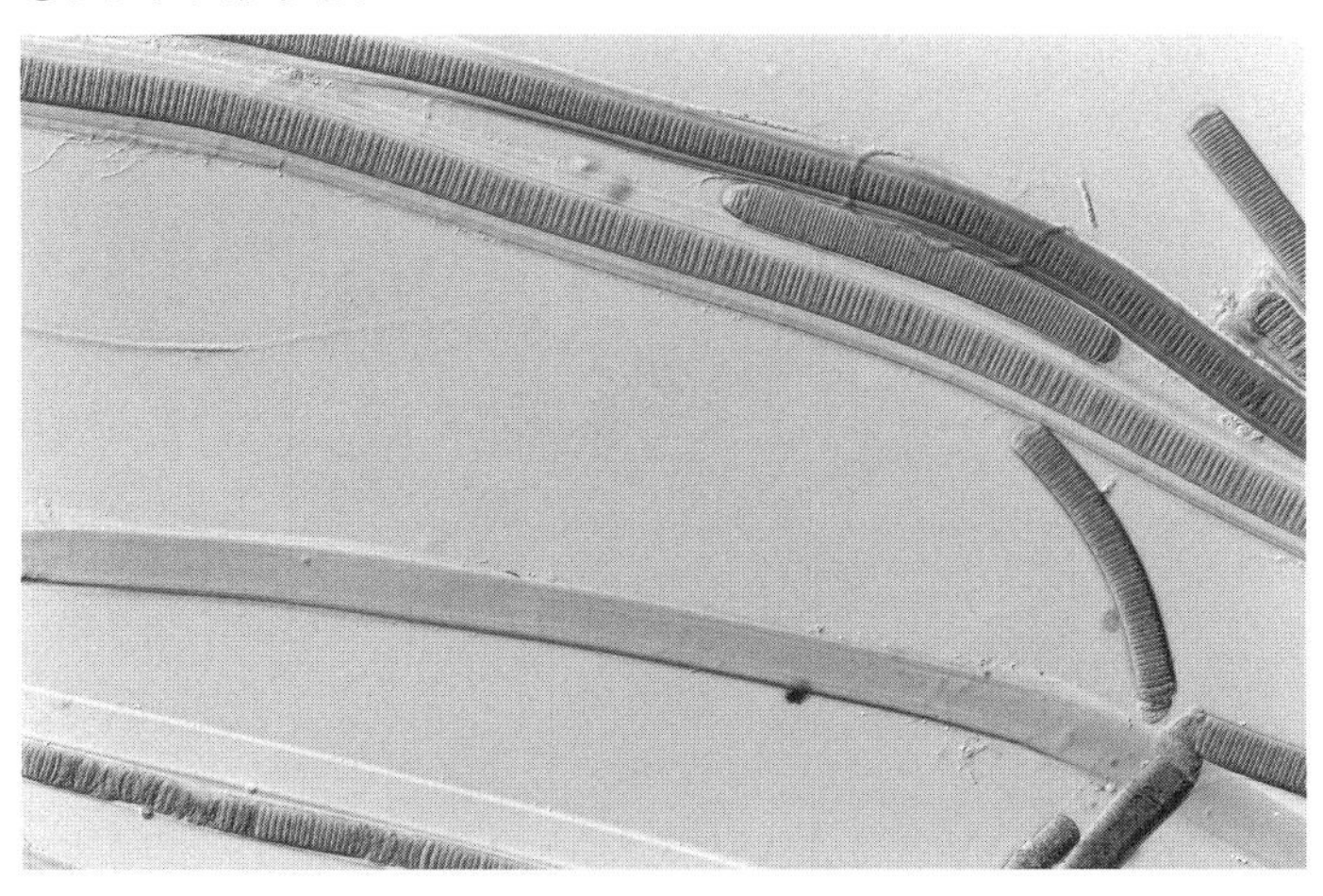

深海で誕生した生命体は徐々に浅い海に移動したのであり、そのためには陸地が必要です。つまりこの頃に地球上で大規模な火山活動があり、大陸と呼べる陸地が形成されたものと考えられます。

海洋成分と生体成分

表は人体に含まれる元素成分と海水、地球表層、大気中の元素成分を多さの順に並べたものです。

表からわかる通り、上位10元素を比べると人体と海水との間には非常に良い類似性があります。つまり海水中には含まれるが人体中には無い元素はマグネシウム1元素だけですが、地球表層と大気中には5元素もあります。

これは生命体が海水中で誕生したとの説を裏付ける有力な証拠の1つと考えられています。

●海洋成分と生体成分

存在量順位	1	2	3	4	5	6	7	8	9	10
人体	H	O	C	N	Na	Ca	P	S	K	Cl
海水	H	O	Na	Cl	Mg	S	K	Ca	C	N
地球表層	O	Si	H	Al	Na	Ca	Fe	Mg	K	Ti
大気	N	O	Ar	C	H	Ne	He	Kr	Xe	S

Chapter. 3
純水の科学

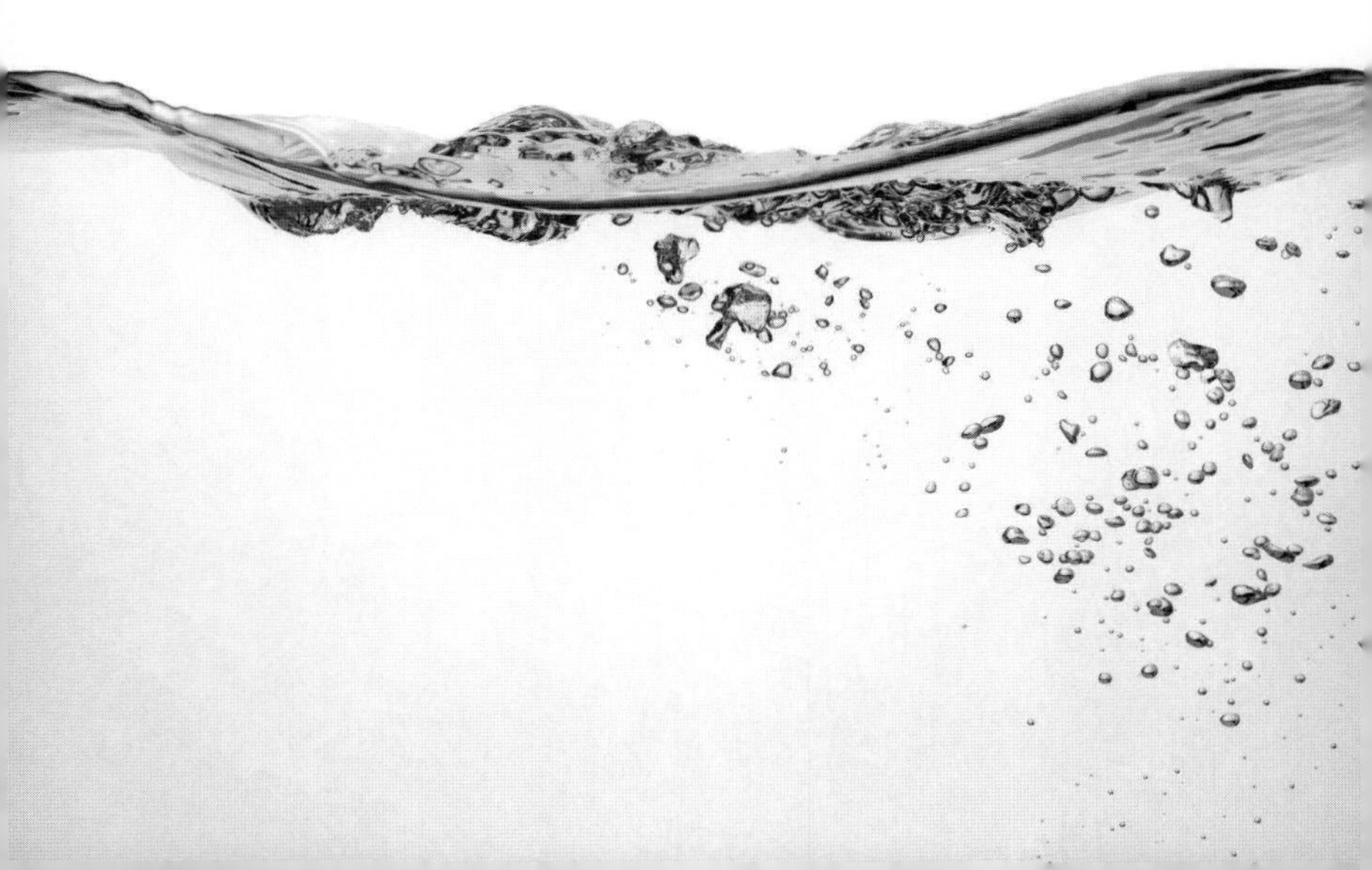

SECTION 11

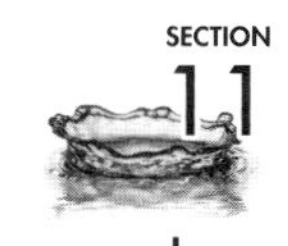

水分子を作る原子

水の分子式はH_2Oです。これは水の分子が2個の水素原子Hと1個の酸素原子Oからできていることを表します。3個の原子の結合順序はH－H－Oではなく、H－O－Hです。これで水分子の構造、形がわかったかというと、まったくそうではありません。

水分子の構造、形、まして性質、さらに反応性となったら複雑でそれは、調べれば調べるほどわからないことが現われてきます。

水分子の結合角度

水における3原子の並び順はH－O－Hだといいましたが、それでは3原子の間の角度∠HOHはどうなっているのでしょうか？　真っ直ぐの直線状態なのでしょうか？それとも曲がっているのでしょうか？

答えからいうと曲がっています。角度はおよそ104・5度です。曲がっているのはいいとして、なぜ90度などのわかりやすい角度でなく、104・5度などという中途半端な角度なのでしょうか？　それは酸素原子の電子状態によります。

酸素原子の電子状態

原子は互いに化学結合をして分子を作りますが、化学結合は電子によって作られます。原子は元番号Zに等しい個数の電子を持ちます。Z=1の水素原子は1個、Z=6、7、8の炭素C、窒素N、酸素Oはそれぞれ6個、7個、8個の電子を持ちます。

水素は電子をs軌道という、お団子のように丸い軌道に入れています。それ以外のC、N、Oは2個の電子だけをs軌道に入れて、それ以外の電子はsp^3混成軌道という混成軌道に入れています。

sp^3混成軌道は全部で4個あります。これは原子中心である原子核から飛び出した形をしていますが、その方向は座布団の対角線のような平面方向ではありません。テトラポッドをご存知でしょうか？　海岸などに置いてあるコンクリート製の波消しブロックです。sp³混成軌道の4個の軌道はこのテトラポッドと同じ角度になっているのです。その角度は109・5度であり、軌道の頂点を直線で結ぶと正四面体型になります。そのため、109・5度を正四面体の頂点方向といいます。

酸素原子の電子8個のうち、2個はs軌道に入りましたが、残り6個は、この4個のsp³混成軌道に入ります。ところが軌道には定員が決まっており、それはどの軌道でも全て同じで2個となっています。

ということで、酸素分子は2個の混成軌道に2個ずつの電子、残り2個の混成軌道に1個ずつの電子を入れます。1個の軌道に2個で入った電子を非共有電子対、1個の軌道に1個で入った電子を不対電子といいます。このように、原子の電子がどの軌道にどのように入るかを表したものを電子配置といいます。

●sp³混成軌道

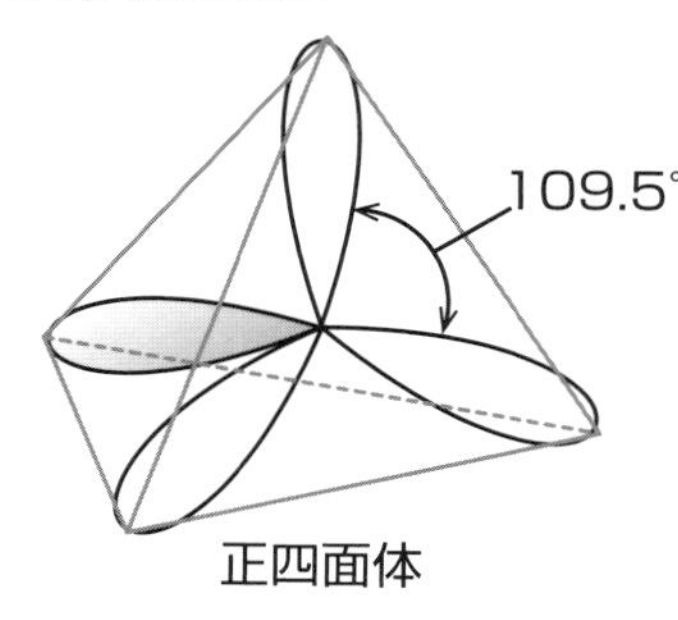

正四面体

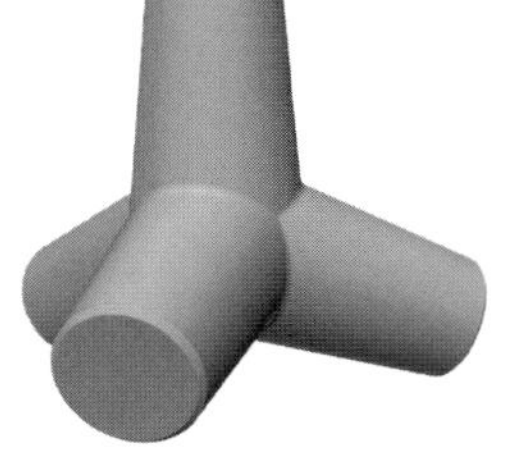
テトラポッド

共有結合

原子と原子の間の結びつきを結合といいます。結合には色々の種類がありますが、水分子を作る結合は共有結合といわれる強い結合です。

共有結合は2個の電子が軌道を重ね、その中に互いに1個ずつ出し合った2個の電子を入れて、それを共有することによってできる結合です。その結果、共有結合には守らなければならない約束ができます。それは「共有結合を作ることができる電子は不対電子だけである」というものです。ということは、酸素は4個の混成軌道を持っていますが、結合を作ることのできる軌道は不対電子の入っている2個の混成軌道だけということです。一方、水素原子は1個の1ｓ軌道に1個の電子を入れていますから、この電子は不対電子であり、共有結合を作ることができます。

水分子の結合

この結果、酸素原子は互いに１０９・５度の角度で広がった４本の軌道のうち2本に水素原子の1s軌道を重ねて共有結合を作ります。この結果∠HOHは109・5度になるはずでした。

ところが事実は104・5度です。109・5度より狭まっています。この違いはなぜ生じたのでしょう。それは電子反発によります。電子はマイナス1の電荷を持っています。同じ電荷をもつ物質同士は互いに反発（静電斥力）し、違う電荷をもつ物質同士は互いに引き合う（静電引力）という法則があります。

水の酸素原子上には電子対の入った混成軌道が2個存在します。するとこの2個の軌道の間に静電反発が生じて互いに離れるため、角度が開きます。その結果、反対側の水素原子間の距離は縮まって角度が小さくなります。このような理由によって水の∠HOHは104・5度になったのです。

●水分子の結合

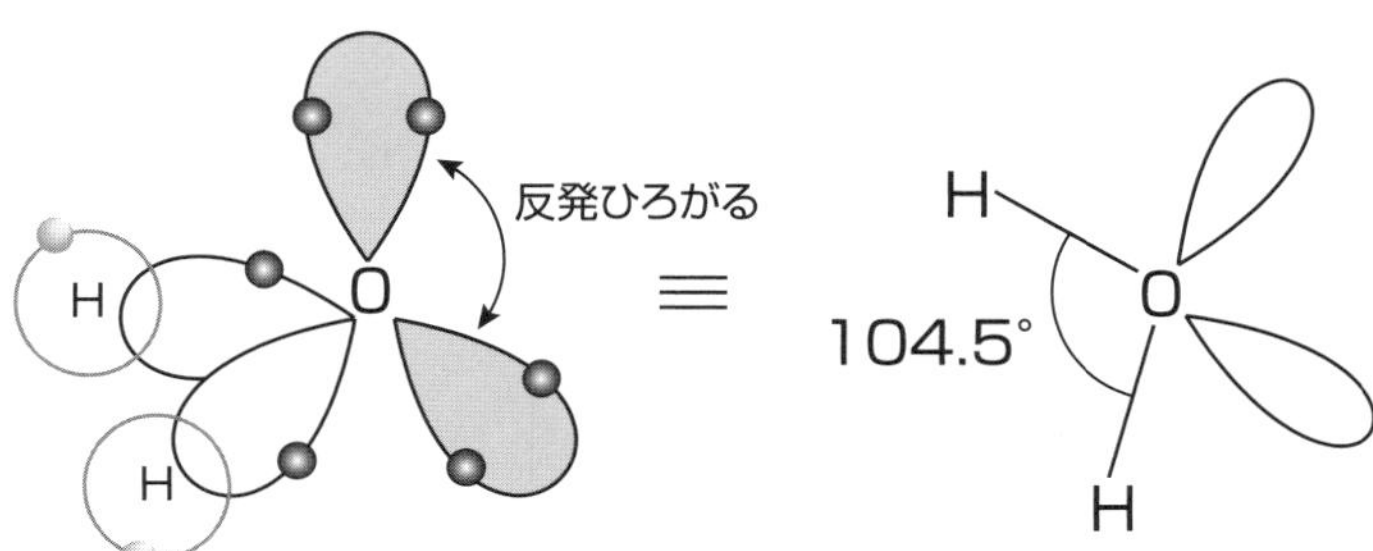

SECTION 12

水の沸点の不思議

水は簡単な分子で、その性質はよく知られています。しかし、普段は何も感じていませんが、よく考えてみると水の性質の中には不思議なものもあります。

水の沸点

水の沸点は100℃です。ということは1気圧の下では、液体の水は100℃で沸騰して気体の水蒸気になるということです。液体の物質は水の他にもいろいろあります。そのような液体の沸点を調べてみましょう。

次ページのグラフは炭化水素の一種であるアルカンC_nH_{2n+2}の沸点と炭素数(n)、分子量との関係を表したものです。炭素数1の炭化水素はメタンCH_4であり、家庭の台所に来ている都市ガスでわかる通り気体です。炭素数2のエタン、3のプロパン、4

のブタンも気体ですが、ブタンは圧力をかけると液体になります。１００円ライターの中には液体が入っています。あれがブタンです。圧力をかけてあるから液体ですが、容器を壊したら気体になって逃げていきます。炭素数５のペンタンから気圧でも液体になり、炭素数20ほどになると固体のワックスになります。この炭化水素の沸点を見ると、グラフのように分子量との間に非常に良い比例関係のあることがわかります。つまり、分子量が大きくなると気体から液体、固体になり、沸点は炭素数５のペンタンが36℃、炭素数６のヘキサンが67℃、炭素数７のヘプタンが98℃、約１００℃です。水の分子量は18で、沸点は１００℃です。グラフに水の分子量と沸点を記入しました。炭化水素のグラフとかけ離れた位置

●アルカンの沸点と炭素数の関係

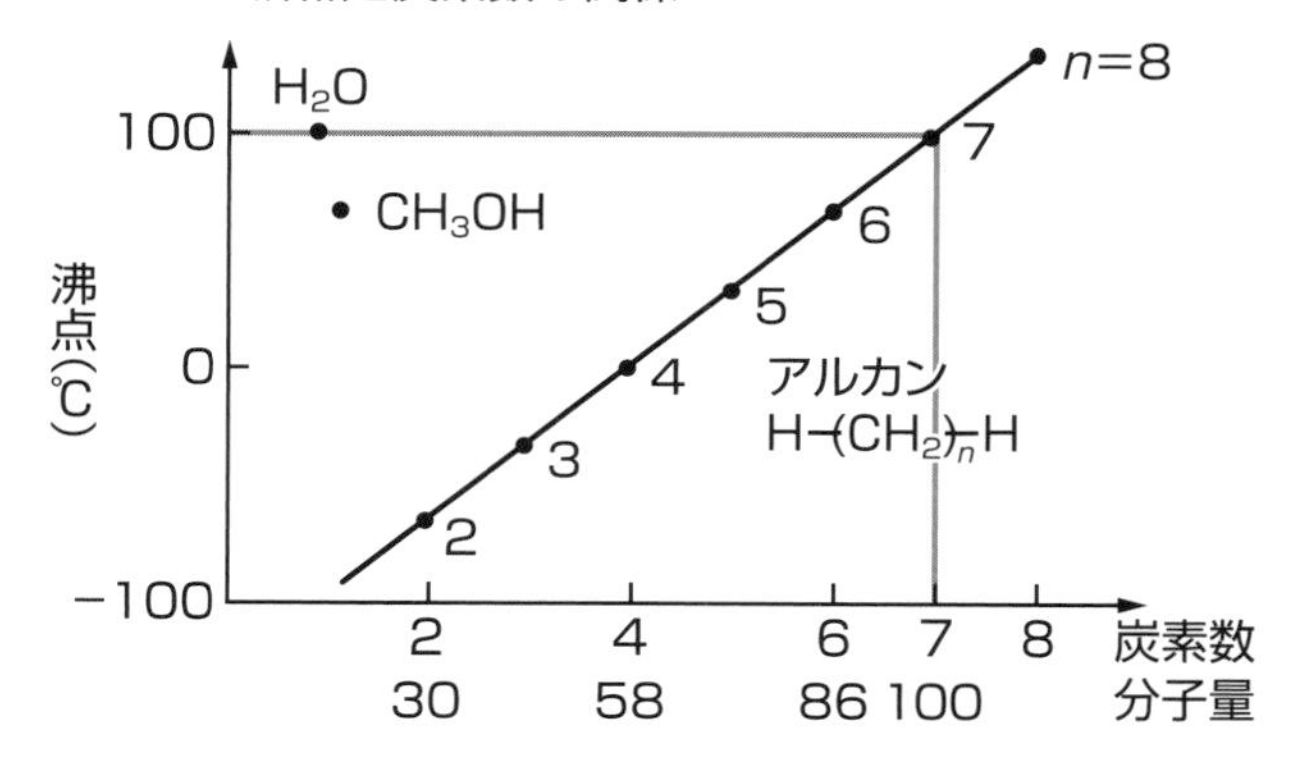

に点があります。メタンの分子量は16ですが沸点マイナス162℃の気体です。沸点100℃の炭化水素はヘプタンであり、分子量は丁度100です。

集合する水

この考察によれば、水の分子量は18ですが、その沸点は分子量100のヘプタンとほぼ同じということです。これはどういうことでしょうか？　水の計算上の分子量は18だが、実の分子量は100に相当するということなのではないのでしょうか？

実はその通りなのです。液体の水分子は、分子量100の物体として行動していることを意味します。それは、水分子が何個か集まってグループとして行動しているということです。何個のグループかといえば100÷18≒5つまり5分子ほどがまとまって集団として行動しているということです。ただし、これは沸騰状態の液体での話です。分子運動は温度とともに激しくなります。つまり、低温の水では1グループの水分子の個数はもっと多いということです。このような水の集団を会合体（クラスター）といい、クラスターを作ることを会合するといいます。

SECTION 13

水をつなげる水素結合

水が会合してクラスターを作るのは、水分子の間に引力が働いているからです。どのような引力が働いているのでしょう？

電気陰性度

原子には電子を引きつける性質があります。ある原子は、この性質が強く、ある原子は弱いです。原子の持つこの電子を引きつける性質の度合いを電気陰性度といいます。電気陰性度の大きい原子は電子を引きつけてマイナスになりやすく、小さい原子は電子を離してマイナスになりにくいのです。

●電気陰性度

H 2.1							He
Li 1.0	Be 1.5	B 2.0	C 2.5	N 3.0	O 3.5	F 4.0	Ne
Na 0.9	Mg 1.2	Al 1.5	Si 1.8	P 2.1	S 2.5	Cl 3.0	Ar
K 0.8	Ca 1.0	Ga 1.3	Ge 1.8	As 2.0	Se 2.4	Br 2.8	Kr

電気陰性度を周期表に従って示しました。周期表の右上にいくと大きく、左下にいくと小さくなります。水素は2・1、酸素は3・5で、酸素の方がずっと大きいです。ということは、O−H結合の結合電子雲は酸素の方に引っ張られていることを意味します。

この結果、水分子においては酸素原子が幾分マイナスに、水素分子が幾分プラスになっていることを意味します。この幾分をδ(デルタ、Δの小文字)で表して部分電荷といいます。

水のように、分子中にプラスに荷電した部分とマイナスに荷電した部分を持つ分子を極性分子、あるいはイオン性分子といいます。

水素結合

このような部分電荷を持った水分子が2個近付いたらどのようなことが起こるでしょう? プラス電荷の水素原子とマイナス電荷の酸素原子との間に静電引力が生じます。これが水素結合なのです。水素結合は弱い引力ですが、自然界ではあらゆるところに働いて大きな影響力を及ぼしています。

よく知られているＤＮＡの二重ラセン構造も、生化学反応におけるる酵素と基質の間の「鍵と鍵穴」の関係もみんな水素結合のおかげなのです。

水滴

水素結合が働いている身近な例に水滴があります。節分の豆をテーブルの上に撒いてみましょう。豆は1層になってテーブルの上に散らばります。重なった部分はあっても、テーブルを叩けば崩れて一層になります。これは重力のせいです。

コップの水を一滴、テーブルの上にこぼしてみましょう。水滴になります。この水滴の厚さは1㎜＝10^{-3} mほども無いかもしれません。

しかし、ここに水分子は何層になって積み重なっているでしょ

●水素結合

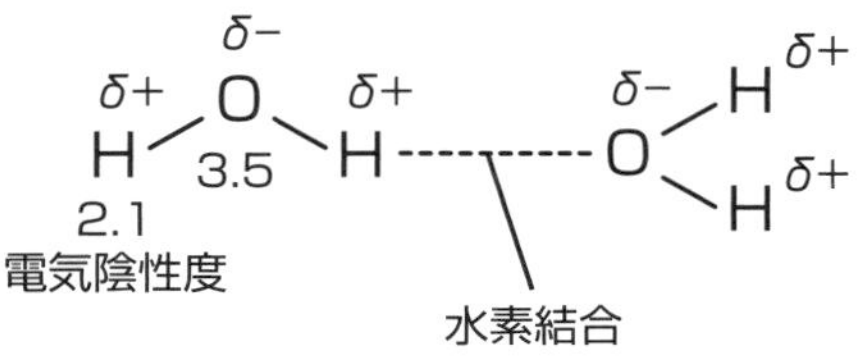

うか？　酸素原子の直径は10^{-10}mほどです。これから単純計算すると水の層は、10^{6}層としても100万層です。

豆は1層なのに、なんで水は100万層にも重なるのでしょうか？　水分子だって物質です。ちゃんと重力は働きます。それは水素結合のおかげなのです。水分子は全員が水素結合によってスクラムを組み、崩れるのを防いでいるのです。

表面張力

子供のころに、水が水滴になるのは「表面張力」のせいだと教わったかもしれません。それでは表面張力とは何でしょう？　表面張力は現象に付けられた名前のようなもので、その現象の原因を言っているのではありません。

そのよい例が「毛細管現象」です。「雑巾が水を吸うのはなぜでしょうか？」という質問に対して「毛細管現象だからです」という答えでは、雑巾が水を吸う現象の名前を答えているだけであり、これでは「なぜ？」という問いの答えにはなっていません。

SECTION

水の単体と集合体

コップの水を分けていくと水滴になり、水滴を分けると霧の一粒になり、それを分けて最後に行き着くのが水分子という粒子です。水分子をさらに分けると水素と酸素という原子になりますが、原子には、もはや水の性質は微塵も残っていません。

分子は物質の性質を残す最小の粒子です。それでは、1個の水分子の性質を究明したら、水の性質はそのすべてが明らかになるのでしょうか？

単分子と集団分子

人類はまだ単独の水分子を見たことはありません。私たちが見る水は水分子の集団です。水の1モルは18グラムです。1モルの物質の中にはアボガドロ数、6.02×10^{23}個の分子が入っています。つまり、18グラムの中には6.02×10^{23}個の水分子が入っているのです。このような大集団になった分子の性質は、単一の分子の性質と同じなのでしょうか?

人間は個人と集団では性質が大きく異なります。個人的には柔和な人も戦争となれば軍隊という集団となって殺人をします。分子も同じです。集団になって初めて現れる性質があります。

集団で現れる性質

水の沸点は100℃です。100℃以下では液体ですが、100℃になると沸騰して気体になります。沸点が100℃だという水の性質は、1個の水分子を研究することでわかることなのでしょうか?

先に見たように、液体状態の水では水分子が互いに水素結合によって結合しています。水の沸点は、水分子が周りの水分子との間の水素結合を断ち切って空中に飛び出す現象です。1個の分子では水素結合の作りようがありません。

氷は水分子が三次元に渡って整然と積み重なり、ダイヤモンドと同じ結晶構造を取ったものです。このような状態を研究するのに、1個の水分子を相手にしていても真相がわかるはずはありません。

このように、物質の性質のいくつかは、集団になって初めて現れます。逆の現象で、分子1個の性質が集合状態によって変化することもあります。次項で詳しく見ますが、水の結合角が104・5度というのは液体状態のことで、結晶状態、つまり氷では角度は109・5度となっています。

水の状態変化

液体の水を冷やしていくと固体（結晶）の氷になり、水を温めると気体の水蒸気になります。これを水の状態変化といい、固体（結晶）、液体、気体を水の状態、一般に物質の状態といいます。

三態の性質

状態にはこれら以外にもいくつかの他の状態がありますが、この3つの状態が典型的なので、これらを特に「物質の三態」ということがあります。それぞれの模式的な状態を図に示しました。

●物質の三態

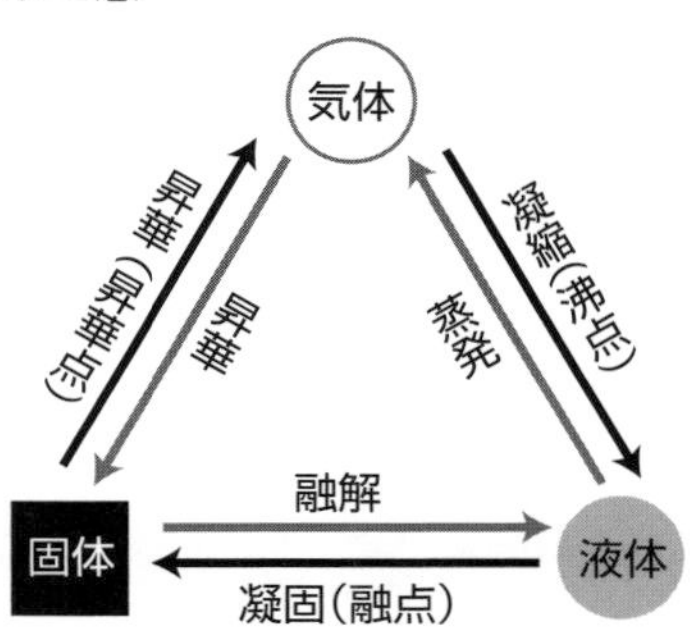

❶結晶

結晶状態では、結晶を作る分子は三次元的に一定の決められた場所に位置し、その上、すべての分子は一定の方向を向きます。すなわち位置の規則性と方向の規則性を併せ持っています。

図は氷の単結晶X線解析3D図です。白丸は酸素、点は水素を表します。白丸の間に点が2個ずつあるのは、水素原子がこの2点の間を振動していることを表します。構造は完全なダイヤモンド型です。つまり酸素から出ている4本の結合手は完全に等価です。

したがってこの場合の水分子の結合角度は正四面体の頂点方向の角度、109.5度となっています。つまり水分子の結合角度は一

●氷の単結晶X線解析3D図

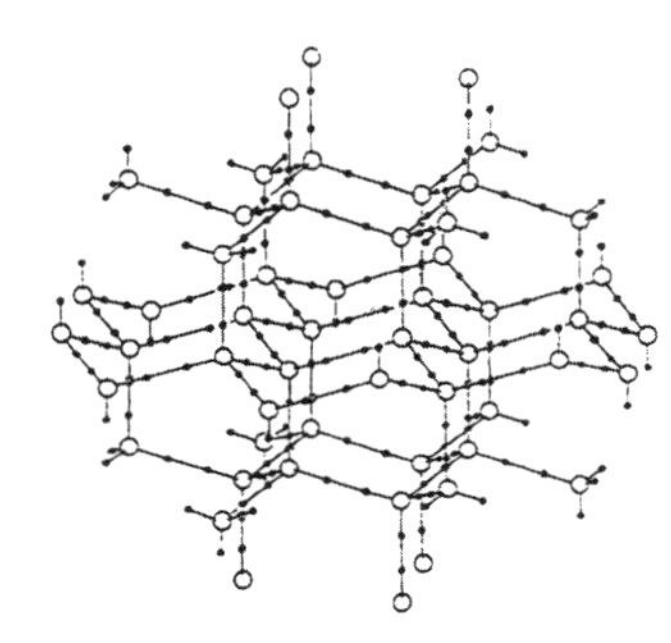

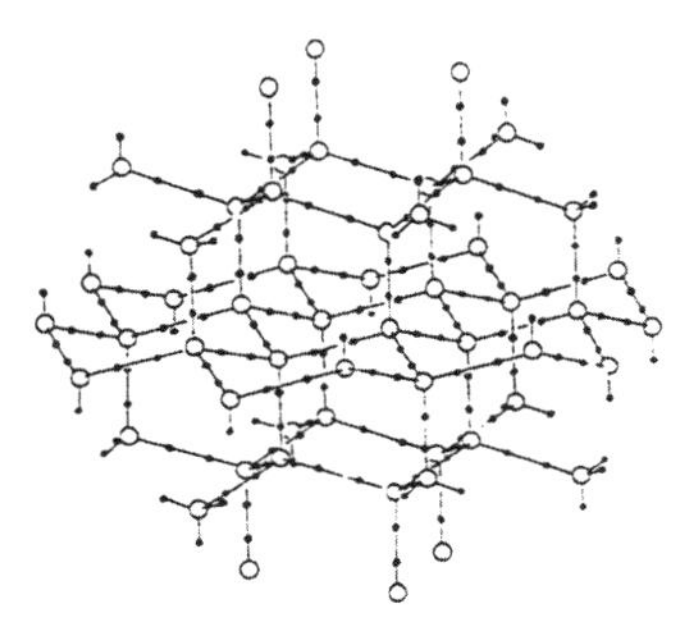

分子でいる時は104・5度ですが、結晶という集団状態では109・5度となっているのです。

❷液体

液体状態の分子は勝手な位置で勝手な方向を向きます。すなわち位置と方向の規則性の両方を失っています。しかも分子は流動性を獲得し、勝手に動き回ることができます。しかし、分子間の距離は結晶状態と大きくは変わりません。そのため、液体の比重は結晶の比重と大きくは変わりません。水の場合には、温度(4℃)によっては液体状態の方が結晶状態より密度が大きくなっています。

❸気体

気体では分子は空中を飛び回っています。その速度は室温における水素分子で時速5000㎞に達します。この高

●三態の位置と配向の規則性

状態		結晶	液体	気体
規則性	位置	○	×	×
	配向	○	×	×
配列模式図				

速分子が風船のゴムに衝突して、風船を膨らました時、その風船の体積を気体の体積といいます。そのため、気体の体積は分子1個の体積には関係なくなり、いわば真空の体積というようなものになります。この結果、気体の体積は気体の種類に関係なく、全ての気体で一定となります。

状態の変化

物質は温度によって状態を変化します。結晶状態の物質を加熱すると、ある温度に達したときに突如融けて液体となります。この温度を融点(mp)といいます。反対に液体を冷却すると、ある温度で結晶となります。この温度は融点なのですが、慣習的に特に凝固点ということもあります。真空状態で氷を昇華点に加熱すると、溶けて液体になるのではなく、結晶から直接気体になります。この現象を昇華といいます。コーヒーや食品のフリーズドライの原理です。このように三態が変化することを相変化といいます。

SECTION

16 水の状態図の見方

富士山の頂上のような高山で炊いたご飯は美味しくないといいます。いわゆるメッコメシであり、米がよく煮えていないというのです。鍋のお湯は確かに沸騰しているのですが、どうもお湯の温度が100℃に達していないようだといいます。では、どうして高山では、水は100℃以下の温度で沸騰するのでしょうか?

水の状態図

固体、液体、気体を物理ではそれぞれ固相、液相、気相といいます。ただの慣習の話です。平地の圧力は1気圧なので水の沸点は100℃です。しかし、高山では気圧が1気圧以下なので沸点も100℃以下となるようです。

物質が前項で見た三態のうち、どの状態を取るかは温度、圧力によって変化します。

その関係を表した図を状態図、あるいは相図といいます。図は水の状態図です。平面は三本の線ab、ac、adによって固相、液相、気相の三相の領域に分けられています。

状態図と状態変化

状態図の基本は簡単です。圧力Pと温度Tの組み合わせを指示する点(P,T)が液相の領域(図のⅡ)にあるときには水は液体、点が気相の領域(図のⅢ)にある時には気体(水蒸気)となっていることを意味します。それでは、点(P,T)がちょうど線分上にある時はどうなるのでしょうか?

●水の状態図

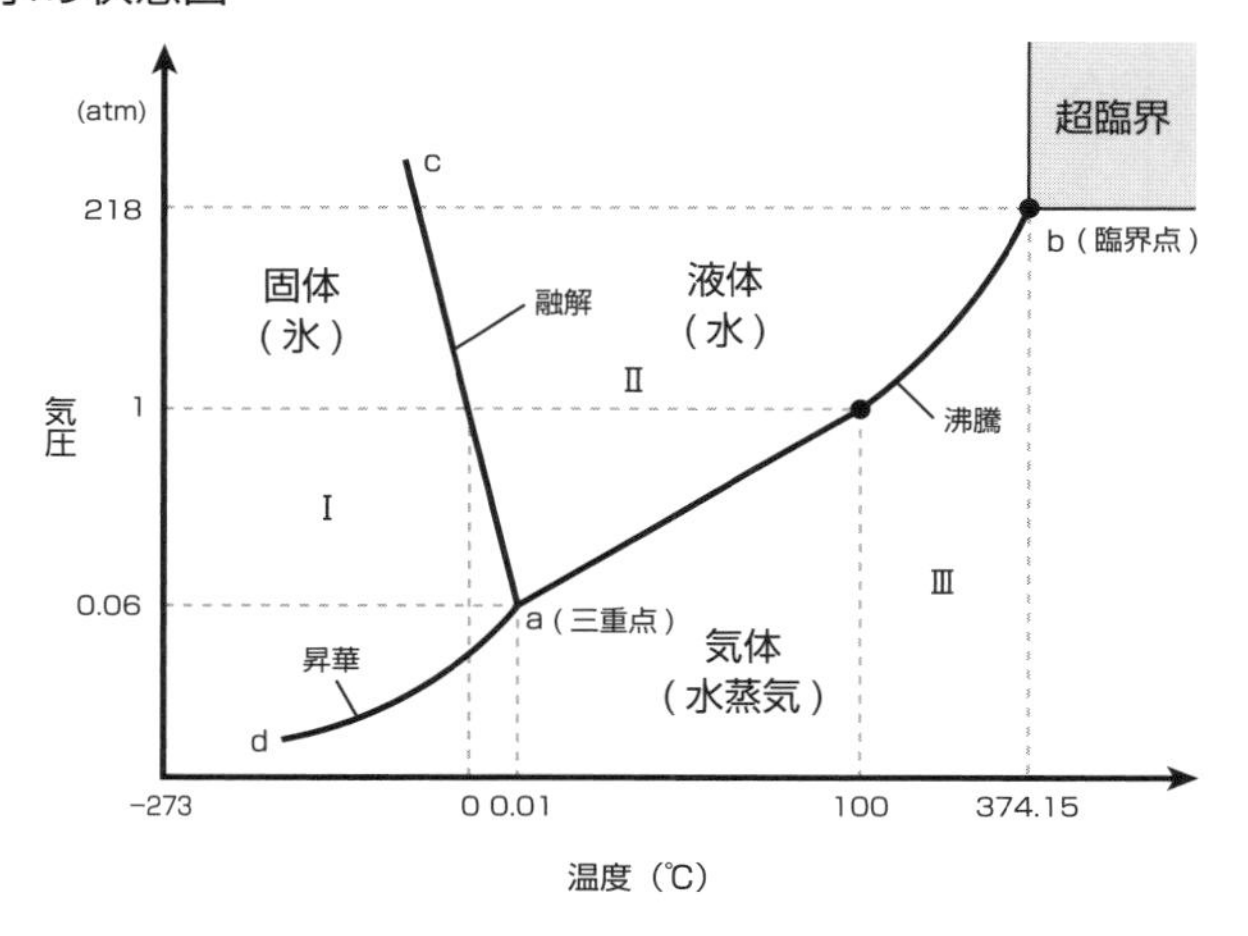

❶ 沸騰(沸点)

1気圧、100℃の点は線分ab上にあります。このように圧力と温度の組が線分上にあるときには、物質はその線分を挟む2つの状態の両方を同時に取ることができます。このような状態を一般に平衡状態といいます。具体的に水の場合には、液体と気体が同時に存在する状態であり、これは沸騰状態に相当します。そのため線分abを沸騰曲線ともいいます。

❷ 融解(凝固)

線分acは固相と液相を分ける線であり、この線に該当する温度を融点あるいは凝固点といいます。圧力が高くなると融点が低くなるということは、0℃の氷に圧力を加えると、融点が0℃以下になるので氷は融けるということです。

すなわち、アイススケーターがスケート靴を履いて氷の上に立ったら、スケート靴の刃の下の氷が受ける圧力は5気圧以上にはなります。したがって融点は0℃以下になります。つまり、0℃では氷になっていない、まだ水のままであるということです。氷と刃の間に水がある、これがスケートの滑走の一原因となっているのです。

❸ 昇華（昇華点）

線分acは、固体が液体状態を通らずに直接気体となる温度、昇華点を表します。フリーズドライの食品は昇華を利用したものです。つまり、食品（ほとんどの食品は液体状態です）を加熱して沸騰し続けることなく、食品としては冷凍状態のままで、溶媒の水だけを除くことができるという魔法のような方法です。

食品を長時間沸騰状態に置いたら、食品は煮えすぎてグジャグジャになり、味も食感も台無しになります。しかしフリーズドライなら味も食感も残したまま、水だけを除くことが出来るのです。

●アイスクリームのフリーズドライ

SECTION 17

水の超臨界状態

水の状態図には面と線と点があります。面と線の意味は、これまでで見たとおりです。ここでは点の意味を見てみましょう。

前項の水の状態図には特異な点が2つあります。1つは3本の線分の集合点である点aであり、もう1つは線分abの終点である点bです。各々が重要な意味を持っています。

三重点

点aを、3本の曲線が集まっているという意味で三重点といいます。前項で見た通り、温度、気圧の条件が線分ac上にあれば、その条件では氷と水が同時に存在し、条件が線分ab上にあれば水と水蒸気が同時に存在することを意味しました。

ということは、点aでは氷と水と水蒸気が同時に存在することを意味することになります。すなわち0・06気圧、0・01℃では、氷と水と水蒸気が同時に存在するのです。これは氷を浮かべた水、つまり南極や北極の水がグラグラと沸騰していることを意味し、非日常的な景観です。

しかし心配ご無用です。この状態の圧力は0・06気圧です。こんな気圧になったら、人間は酸素不足でとうに死んでいます。現実に起こることはあり得ません。

しかし、実験室や工場では簡単に実現できます。インスタントラーメンでチャーシューを食べることができるのは、このおかげです。

臨界点

氷と水の領域を分ける線分acはどこまでも伸び、その終点は温度が絶対0度(0K、0ケルビン、マイナス273℃)に達した点です。それは、温度には最低点があり、それが絶対0度だからです。しかし、最高温度はありません。1億℃でも1兆℃でもお好み次第です。圧力だって天井知らずです。ですから線分abには限界が無いはずです。

しかし実際には線分abには終点があります。それが点「b」なのです。

点bから先には線分abは存在しません。これは、線分abの先では「水と水蒸気の区別が無い」ことを意味します。点bを臨界点といい、点bの先の領域を超臨界域、その領域での物質(水)の状態を超臨界状態といいます。超臨界状態の水、超臨界水は液体と気体の性質を同時に持っている、すなわち、水としての密度、粘度をもち、同時に気体としての激しい分子運動を行なっています。この結果、超臨界状態の水は普通の水とは異なった性質を持ちます。主な性質は次の2点です。

①超臨界状態の水は有機物を溶かします。そのため、有機化学反応を水中で行うことができます。これは有機化学反応に伴う有機廃棄物を一挙に減少できることを意味し、環境に優しい化学の観点から注目されています。

②超臨界状態の水は強い酸化作用をもちます。そのため長い間、分解不可能と言われてきた公害物質のPCBを分解することに成功しました。

超臨界状態を取るのは水だけではありません。超臨界状態の二酸化炭素を溶媒に用いる有機化学反応も、環境の面から重視されています。

三態以外の状態

水の状態は、ここまでに見た三態だけですが、物質の中には、三態とは異なった特殊な状態を取るものもあります。しかもその中には水の関係する状態もあり、身近どころか非常に重要なものもあります。ここで特殊状態の主なものを見ておきましょう。

非晶質固体

ガラスは固体ですが結晶ではありません。それどころか研究者の中にはガラスは個体ではなく液体だという人もいるほどです。

ガラスの主成分は二酸化ケイ素SiO_2ですが、SiO_2の結晶は石英(水晶)です。石英を加熱すると、融点の1723℃で融けて水あめ状の液体になります。ところがこの液体を冷やしても石英にはなりません。ガラスになります。反対にガラスを融かすと水あめ状になりますが、はっきりした融点はありません。1400℃くらいで軟化し、1700℃で融けて水あめ状になります。何が起こっているのでしょう?

図Aは石英の結晶構造です。ダイヤモンドに似た構造です。図BはAを模式化したものです。原子が整然と6角形の単位を作って並んでいることがよくわかります。図Cはガラスの構造を模式的に示したものです。ガラスになると石英の整然とした構造は崩れています。しかし、一般的にいえばガラスは固体です。

これは分子を小学校の生徒に例えて考えるとよくわかります。結晶状態の生徒は自分の席に座って大人しくしています。しかし暖められて融点以上になると席を離れて遊び始めます。液体状態です。そして冷えて融点に戻るとサッと席に戻って結晶になります。授業開始のチャイムと共に席に戻るすばしっこい生徒のようなものです。

●結晶構造

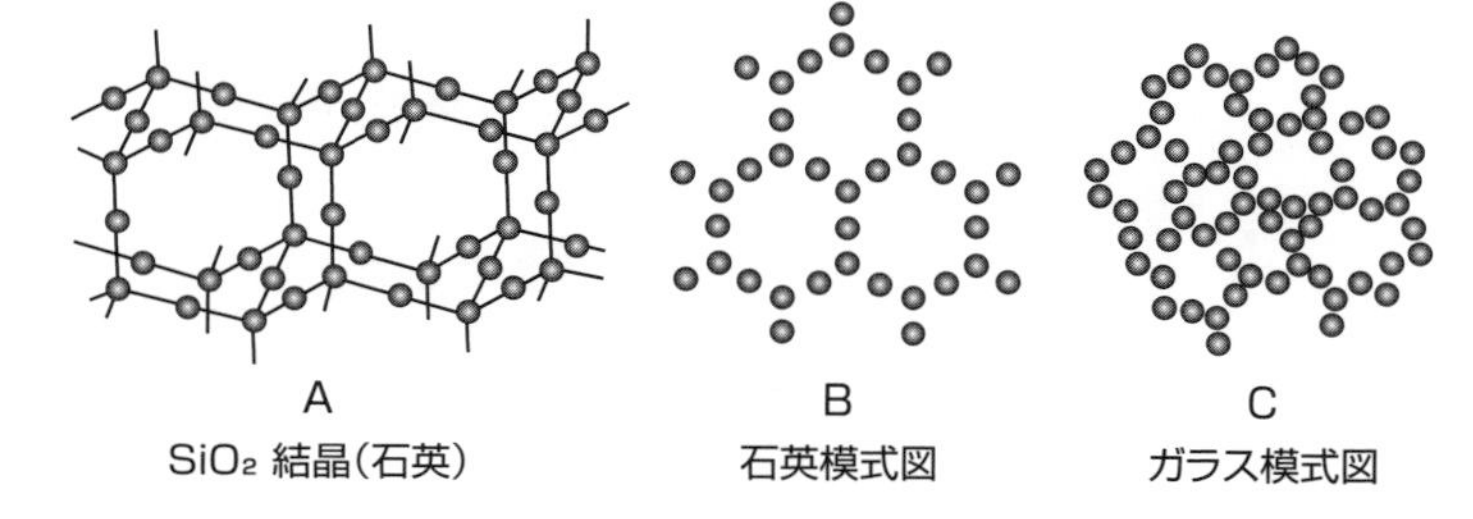

ところが石英の分子は動きが鈍くて、チャイムが鳴ってもなかなか席に戻れません。そのうち、温度が冷えて活動度を失って固まってしまいます。すなわち、ガラスというのは流動性を失った液体状態なのです。このような状態を一般に非晶質固体、あるいはアモルファスといいます。

個体のプラスチックは典型的なアモルファスです。結晶とアモルファスの立体状態を図に示しました。アモルファスの形を崩せばそのまま液体になります。

分子膜

分子には塩やアルコールのように水に溶ける親水性物質と、ガソリンのように水に溶けない疎水性（親油性）物質があります。ところが、一分子の中に、親水

●結晶とアモルファス

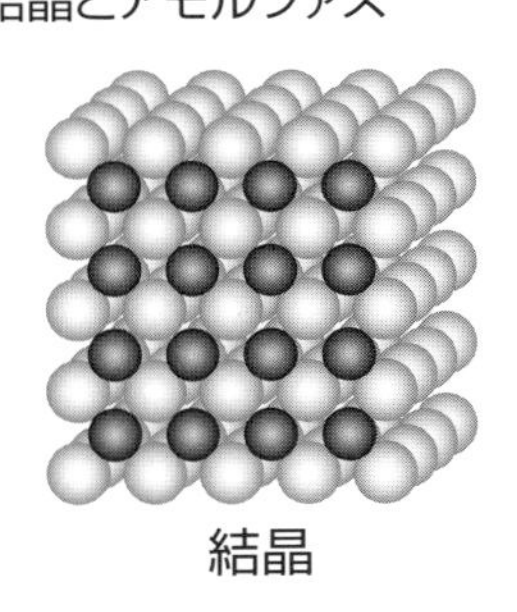
結晶

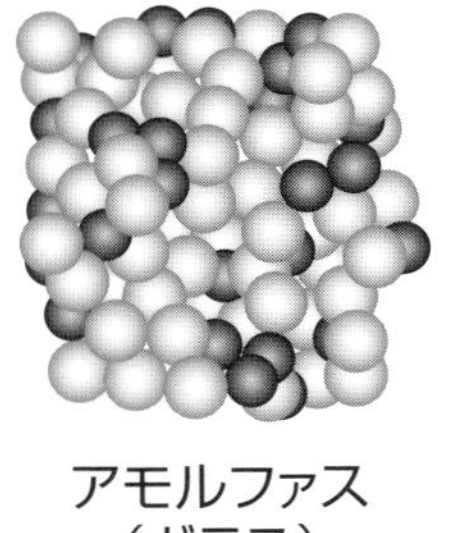
アモルファス
（ガラス）

性と疎水性の両方の部分を持つ分子があります。このような分子を両親媒性分子、一般に界面活性剤といいます。石鹸は典型的な界面活性剤です。

石鹸を水に溶かすと、親水性の部分を水に入れ、疎水性部分を空気中に出してまるで逆立ちしたような形で水面に漂います。石鹸の濃度を上げると水面が石鹸分子で覆われます。この状態の石鹸分子の集団はまるで一枚の膜のように見えます。それでこのような集団を分子膜といいます。

2枚の分子膜が重なったものを二分子膜といいます。シャボン玉は2枚の分子膜が親水性部分を向き合わせて重なり、その間に水分子が挟まったものなのです。

●両親媒性分子と分子膜状態

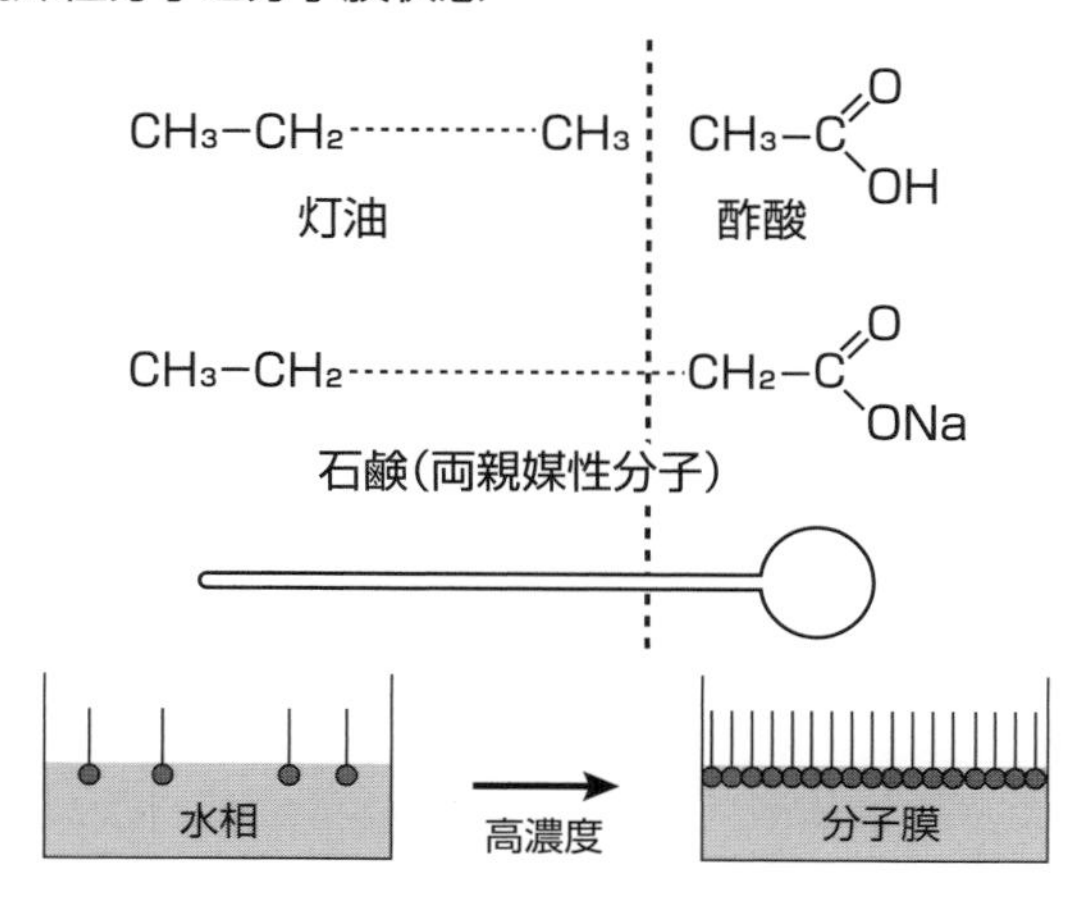

細胞膜も二分子膜です。ただし、細胞膜ではシャボン玉と異なり疎水性部分を向き合わせて重なっています。そして、膜を構成する分子の間にタンパク質や糖のような生命活動を維持する重要な物質が挟み込まれているのです。細胞膜はただの仕切り膜ではありません。

液晶

表は結晶、液体、その他の状態を模式的に表したものです。

結晶では位置と配向の両方に規則性があり、液体では両方が失われています。それでは、片方だけが残った状態はないのでしょうか？

●シャボン玉と細胞膜

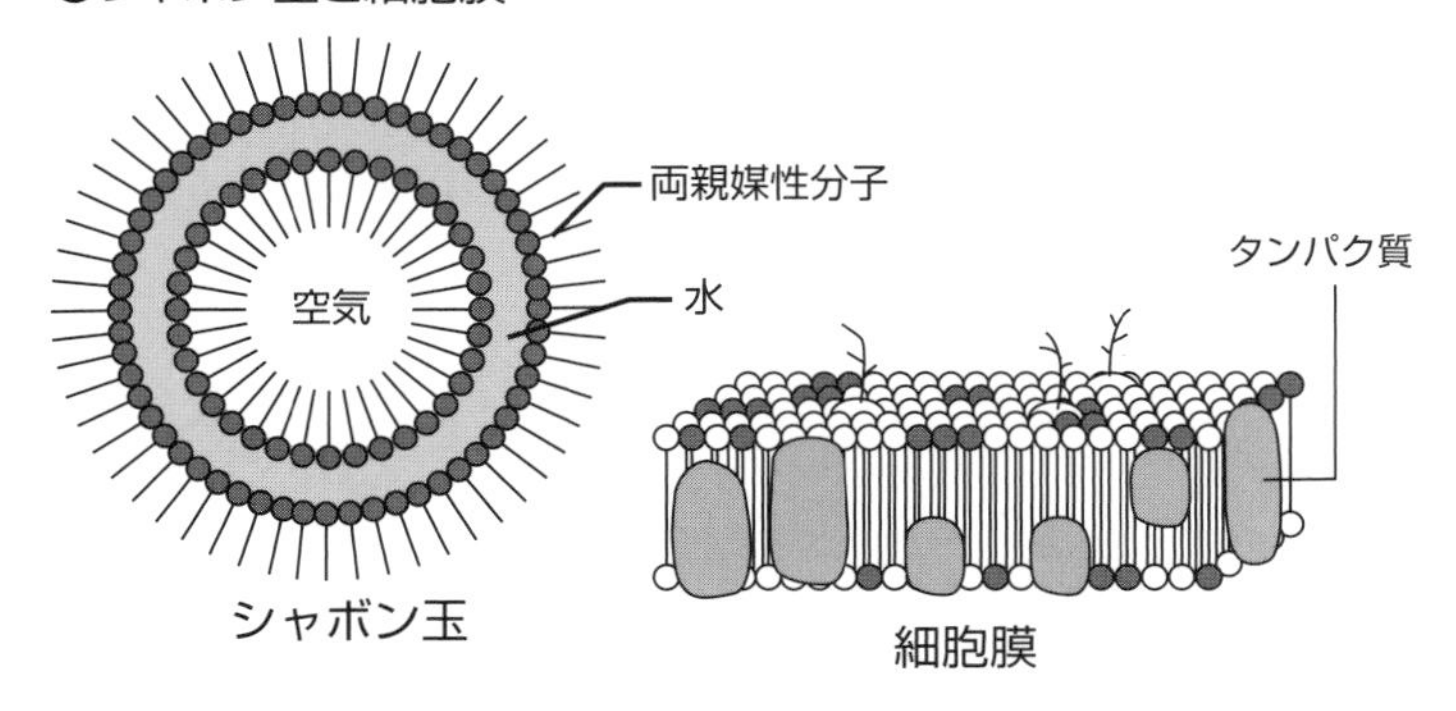

❶位置と配向の規則性

柔軟性結晶と液晶がこのような状態です。柔軟性結晶は、分子の位置は規則性を保ちますが、配向の規則性は失われています。つまり中世の街並みの屋根に飾られた風見ドリのような状態です。これには四塩化炭素やシクロヘキサンの結晶が相当します。

一方、液晶では位置の規則性は失われ、分子は流動性を持っていますが、配向の規則性は保たれています。すなわち、液晶分子は全て同じ方向を向いて動き回っているのです。常に上流を向いて泳ぎ回る小川のメダカのようなものです。

●結晶と液体における構成粒子の位置と配向

状態		結晶	液晶	柔軟性結晶	液体
規則性	位置	○	×	○	×
	配向	○	○	×	×
配列模式図				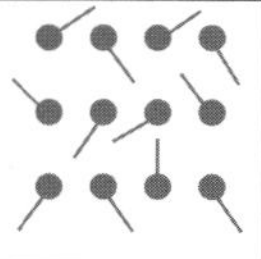	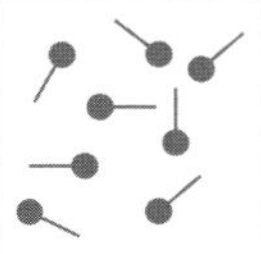

●液晶分子の例

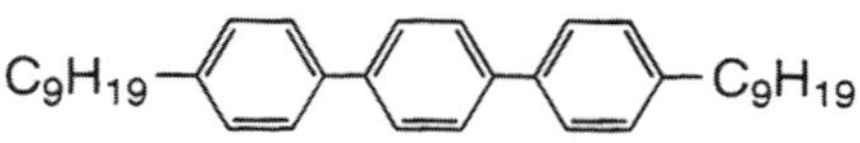

❷ 液晶と温度

液晶は物質の名前ではありません。結晶や液体のように状態の名前です。図は液晶性を示す分子の状態と温度の関係です。低温では結晶です。温度を上げて融点になると融けて流動性が出ます。しかし不透明であり、液体ではありません。この状態が液晶状態なのです。

さらに温度を上げて透明点になると、透明になって液体になります。そしてさらに温度を上げると気体になりますが、その前に温度に耐え切れずに分解するものも出てきます。

このように液晶は温度を下げれば結晶になり、温度を上げれば液体になって、いずれも液晶ディスプレイとしての機能を喪失します。液晶状態の温度になれば機能を復活するはずですが機種によるかもしれません。

●液晶分子の状態の変化

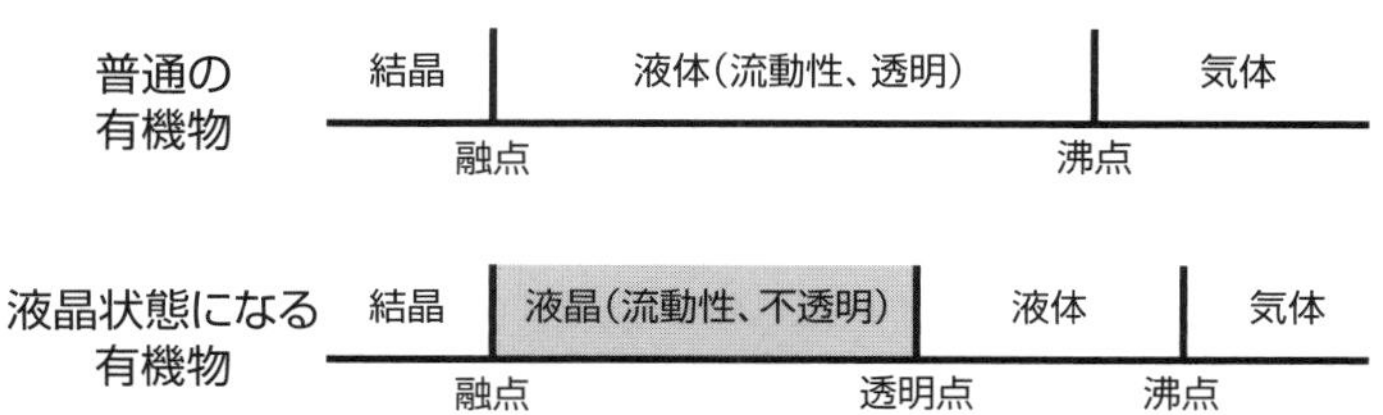

Chapter. 4
水溶液の科学

SECTION

19 溶けると融けるの違い

溶液とは複数種類の成分が混じった液体のことをいいます。水道水を含めてほとんどの水には多少なりとも不純物が含まれていますから、厳密に言えば溶液です。

溶液とは

しかし、複数の成分が混じっただけでは溶液とはいいません。溶液になるためには成分同士が溶解することが必要です。小麦粉を水に溶いたものは混合物であって溶液ではありません。また、全ての物質が溶け合うわけでもありません。水と砂糖は溶け合いますが、水とバターは溶け合いません。

溶液は液体の一種なので液体の性質を持ちます。すなわち、冷やせば凝固して結晶になり、加熱すれば沸騰して気体になります。しかし、凝固点（融点）や沸点は液体のものとは異なります。そして、その変化の度合いは溶液を構成する成分の量によって影響されます。生命を維持するための生化学反応は全て溶液状態で起こります。自然界で起こる反応や実験室で行う反応の多くも溶液状態で起こります。したがって、化学反応の本質を明らかにするためには、溶液の性質を明らかにすることが必要です。

溶解と融解

溶解と融解は違います。それでは溶解とはどのような現象なのでしょうか。

溶液は溶かされるものと溶かすものからできています。溶かされるものを溶質、溶かすものを溶媒といいます。塩水なら塩が溶質、水が溶媒になります。溶質は固体とは限りません、液体、気体も溶質になります。水道水には空気が溶け込んでいます。液体が液体を溶かす場合には多いほうを溶媒と考えます。

日本酒(アルコール含有量15％)の場合にはアルコールが溶質、水が溶媒ですが、アルコール度数の強いウォッカ(75％)などの場合にはアルコールが溶媒、水が溶質ということになります。

水と油は溶け合わないように、物質には溶ける組み合わせと溶けない組み合わせがあります。一般に「似たものは似たものを溶かす」というように、構造や性質の似たもの同士は溶け合います。塩が水に溶けるのは、塩はNa^+Cl^-というイオン性の物質ですが、水もHがプラス、Oがマイナスに荷電したイオン性の物質だからです。溶けるものと溶けないものの組み合わせの例を表に示しました。

このように溶質が溶媒に溶ける現象を溶解といい、普通は溶けるといいます。それに対して氷を室温に放置すると融けて水になります。このように物質が融点になって液体になることを融解、融けるといいます。

溶媒和

溶質が溶解したといわれるためには次の条件があります。

●物質の溶ける組み合わせの例

		イオン性 NaCl 塩化ナトリウム	分子 (構造式) ナフタレン	金属 Au 金
溶媒	イオン性 H_2O 水	○	×	×
	非イオン性 C_6H_{14} ヘキサン	×	○	×
	金属 Hg 水銀	×	×	○

① 溶質が一分子ずつバラバラになる
② 溶媒分子によって取り囲まれる

②を溶媒和といいます。溶媒が水の場合にはとくに水和といいます。この条件が満たされないものは単なる混合物であり、溶液とはいいません。小麦粉を水に溶いても、小麦粉は1分子ずつの炭水化物にバラバラになることはありません。当然、水和もしていません。ですから水溶き小麦粉は溶液とは言えないのです。

水和において溶質分子と水分子を結び付ける力は水素結合やファンデルワールス力などの分子間力です。溶質がイオン性物質の場合、プラス部分には水の酸素原子、マイナス部分には水の水素分子が結合します。

●溶媒和と水和

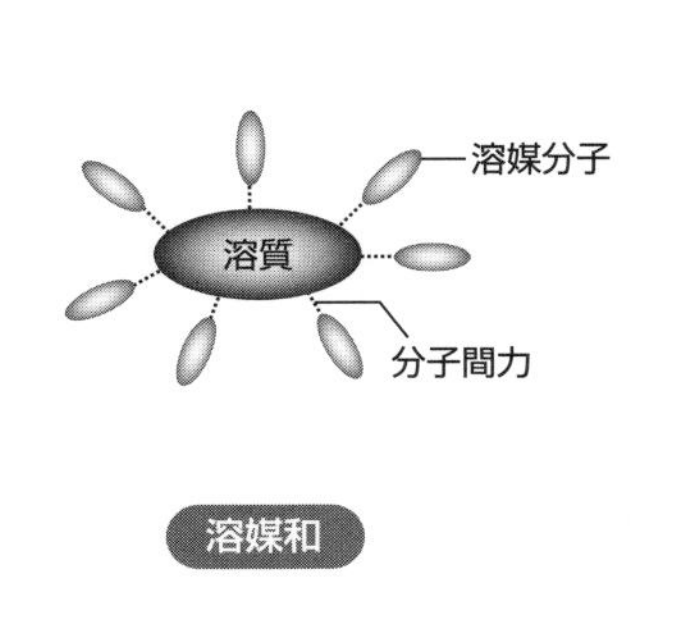

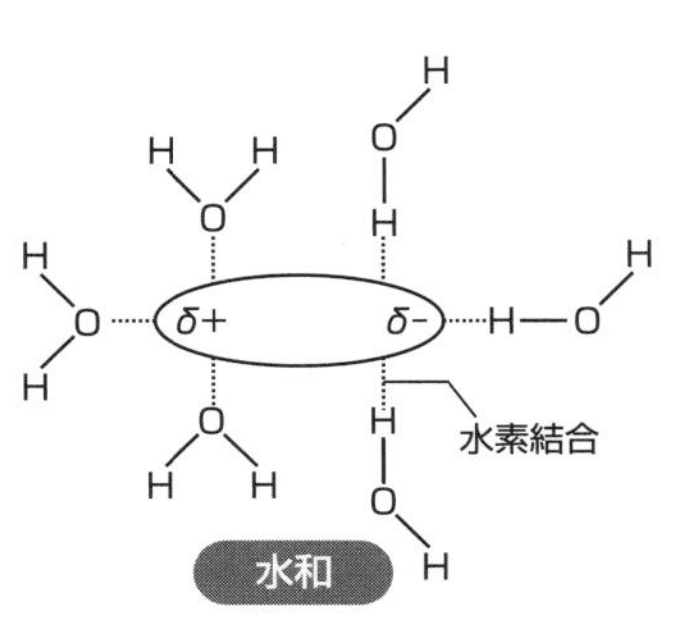

SECTION 20

溶けるためのエネルギー

溶解は化学現象です。化学現象は物質変化だけではありません。化学現象には必ずエネルギー変化が伴います。

溶解過程とエネルギー

溶解という化学現象がどのような経過を経て起こるかを考えてみましょう。この場合、前項目で見た溶解の条件の「①溶質が一分子ずつバラバラになる」、「②溶媒分子によって取り囲まれる」が参考になります。

① 結晶が一分子ずつバラバラになる

結晶は構成分子が安定な位置で、周りの分子と安定な関係を築いた安定な状態です。

結晶状態では各分子はファンデルワールス力などで結合しています。したがって安定状態の結晶を壊してバラバラにするためには結合を切断して不安定な状態にすることです。そのためには外部からエネルギー(熱)を吸収することが必要です。

このように外部からエネルギーを吸収する過程を吸熱過程、あるいは吸熱反応といいます。

② 溶質分子が溶媒和する

溶媒和は、溶質分子と溶媒分子が水素結合(水和)やファンデルワールス力などの分子間力で結合することです。この過程は結合形成ですから、結合エネルギーが発生します。すなわち、安定化の過程であり、外部にエネルギーを放出します。

このような過程を一般に発熱過程、あるいは発熱反応といいます。

●溶解過程

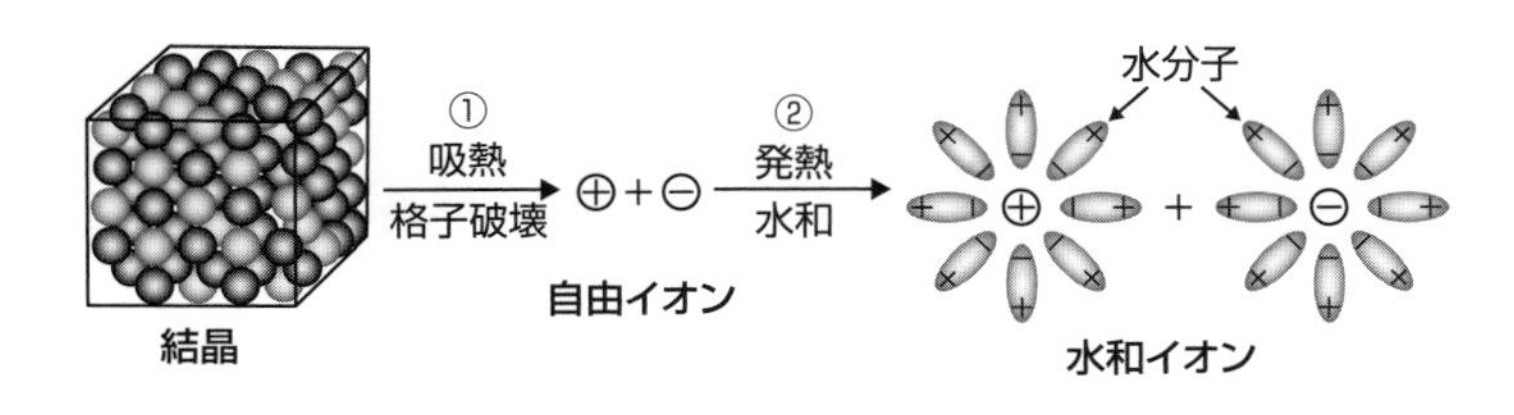

③ 全体のエネルギー収支

溶解という現象全体のエネルギー収支は、①、②の2つの過程のエネルギー変化の収支になります。

図に2つの場合を示しました。出入りするエネルギーをその絶対値で比較して、①の絶対値が大きい場合Ⅰと、②の絶対値が大きい場合Ⅱがあります。

Ⅰの場合には全体として吸熱反応になります。すなわち溶ける際に周りから熱を奪い、周りを冷やすので

●溶解現象のエネルギー

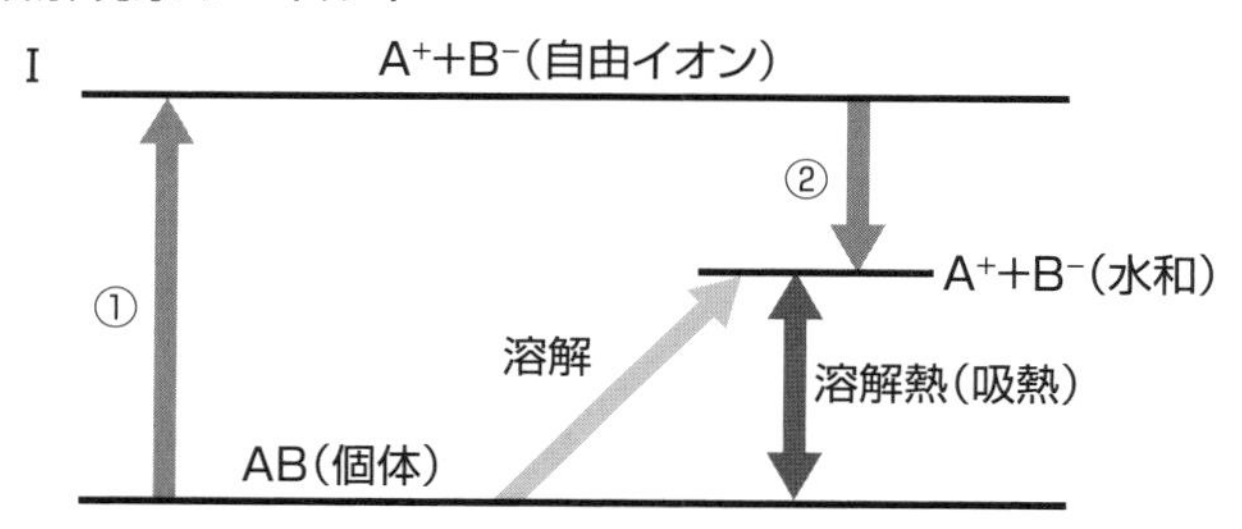

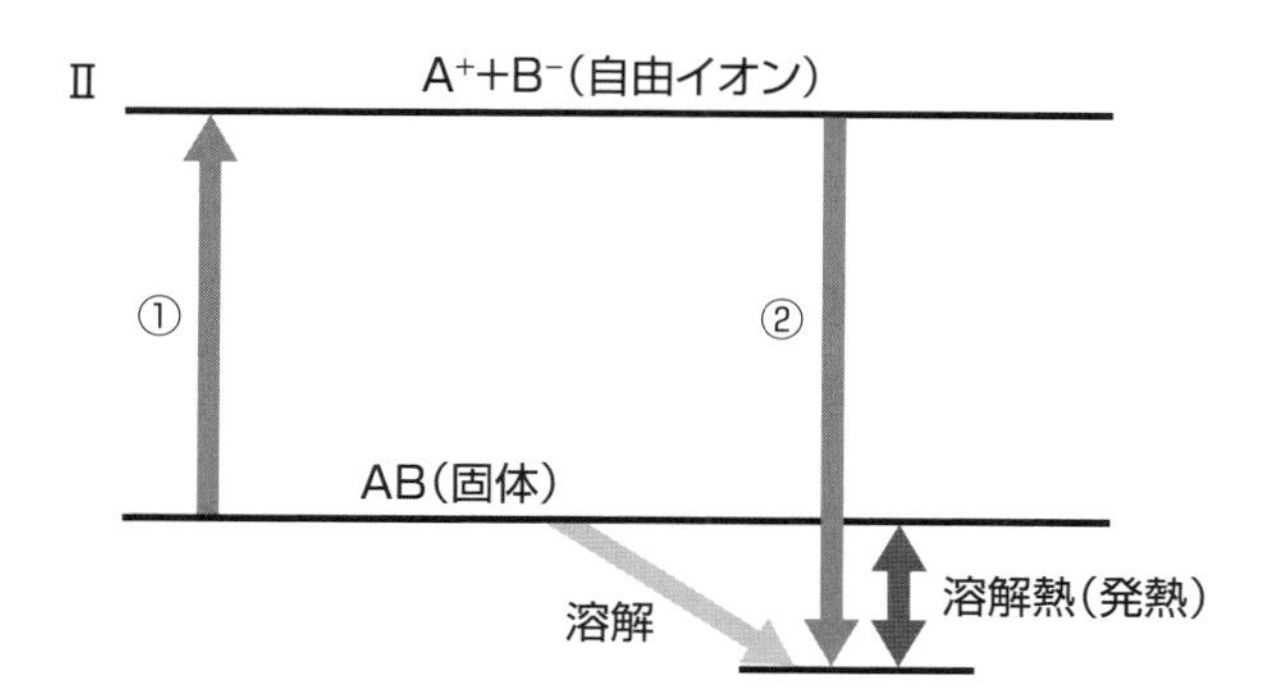

す。これを利用したのが瞬間冷却パックなどであり、尿素$(NH_2)_2CO$や硝酸ナトリウム$NaNO_3$などが水に溶ける反応を用います。

反対にⅡでは全体として発熱となり、溶けるときに熱を出します。硫酸H_2SO_4や水酸化ナトリウム$NaOH$などが水に溶ける場合などがこれで、時には危険なほど大量の熱を出すことがあります。なお、化学カイロやレトルト食品の加熱に用いる反応は、この反応ではありません。

SECTION 21

温度で変わる溶解度

物質が溶媒にどのくらい溶けるかを表した指標を溶解度といいます。とくに、断りがない限り溶媒は水を使います。

濃度

溶媒と溶質の量の関係を表したものを濃度といいます。濃度には何種類もの定義がありますが、ここでは一般生活で用いる濃度を見てみましょう。

❶質量パーセント濃度（単位：パーセント）

溶液中に含まれる溶質の質量が、溶液全体の質量に占める割合を

●質量パーセント濃度

質量パーセント濃度 ＝
（溶質質量（g）/溶液質量（g））×100

パーセントで表した濃度を質量パーセント濃度といいます。単にパーセント濃度ということもあり、一般的には最もよく用いられる濃度ですが、化学計算ではあまり用いられません。

質量パーセント濃度10％の塩水1kgを作るには塩100gを900gの水に入れて溶かします。

❷ 体積パーセント濃度(単位：パーセント、度(酒類))

液体同士の溶液を作る場合に用いられる濃度です。溶液中に含まれる溶質の体積の割合をパーセントで表したものです。

お酒に含まれるアルコール(エタノール)の量を表す場合に用いられますが、日本では慣習的に単位として度を用いることが多いです(15％＝15度)。

体積パーセント濃度10％のエタノール水溶液1Lを作るには、エタノール100mLに水を加えて全体を1Lにします(900mLの水を加えても全体は1Lになりません)。

●体積パーセント濃度

$$体積パーセント濃度 = (溶質体積(mL)/溶液体積(mL))\times 100$$

結晶の溶解度

溶媒Aに溶質Bがどの程度溶けるかを表したものをAに対するBの溶解度といいます。

通常は溶媒として水を用いるので、水に対する溶解度ということになります。特別の単位は無いので、単位はその都度表示されます。

図は結晶の溶解度の温度変化を表したものです。一般に温度が上がると溶解度は上がりますが、塩化ナトリウムNaClのようにほとんど変化しないものもあります。

●結晶の溶解度の温度変化

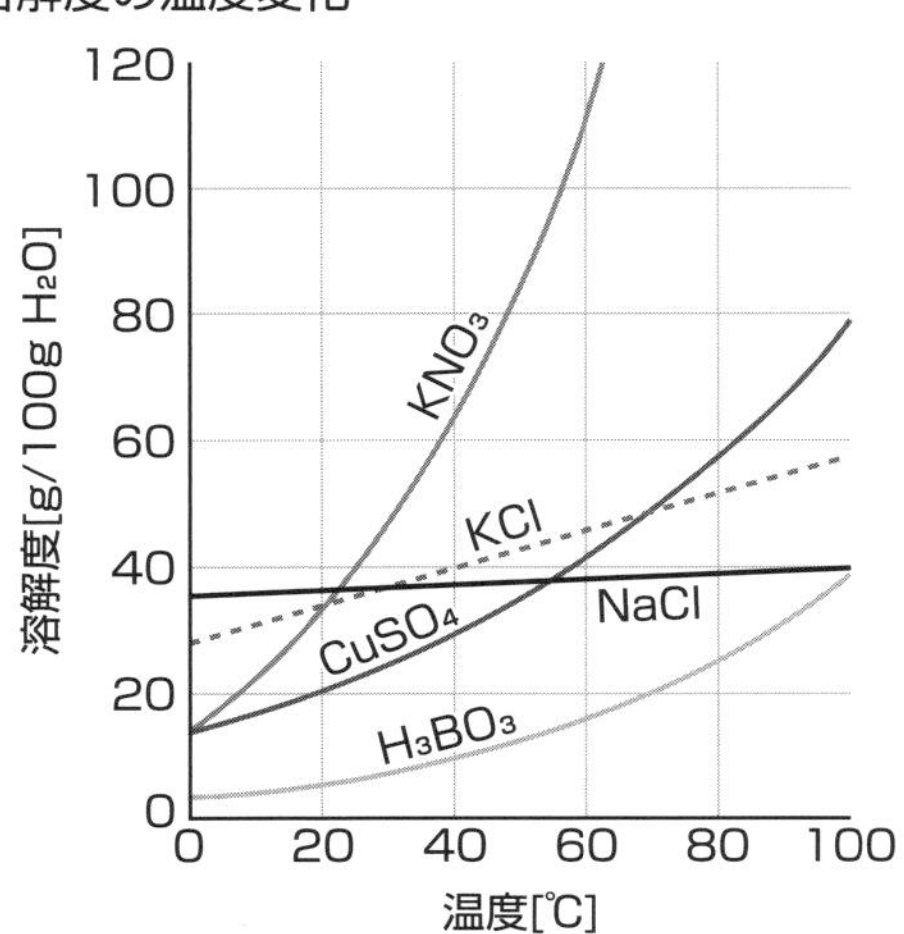

気体の溶解度

図は気体の溶解度の温度変化を表したものです。二酸化炭素CO_2は溶解度が大きいので単位を別にしてあります。これは二酸化炭素が水と反応して炭酸H_2CO_3という酸になるためです。

気体の溶解度は結晶の溶解度と反対に、温度が上がると溶解度は落ちます。夏に水槽の金魚が水面で空気を吸うのは、水中の酸素溶存量が減ったためです。

●1気圧で水1mLに溶ける期待の体積（標準状態）

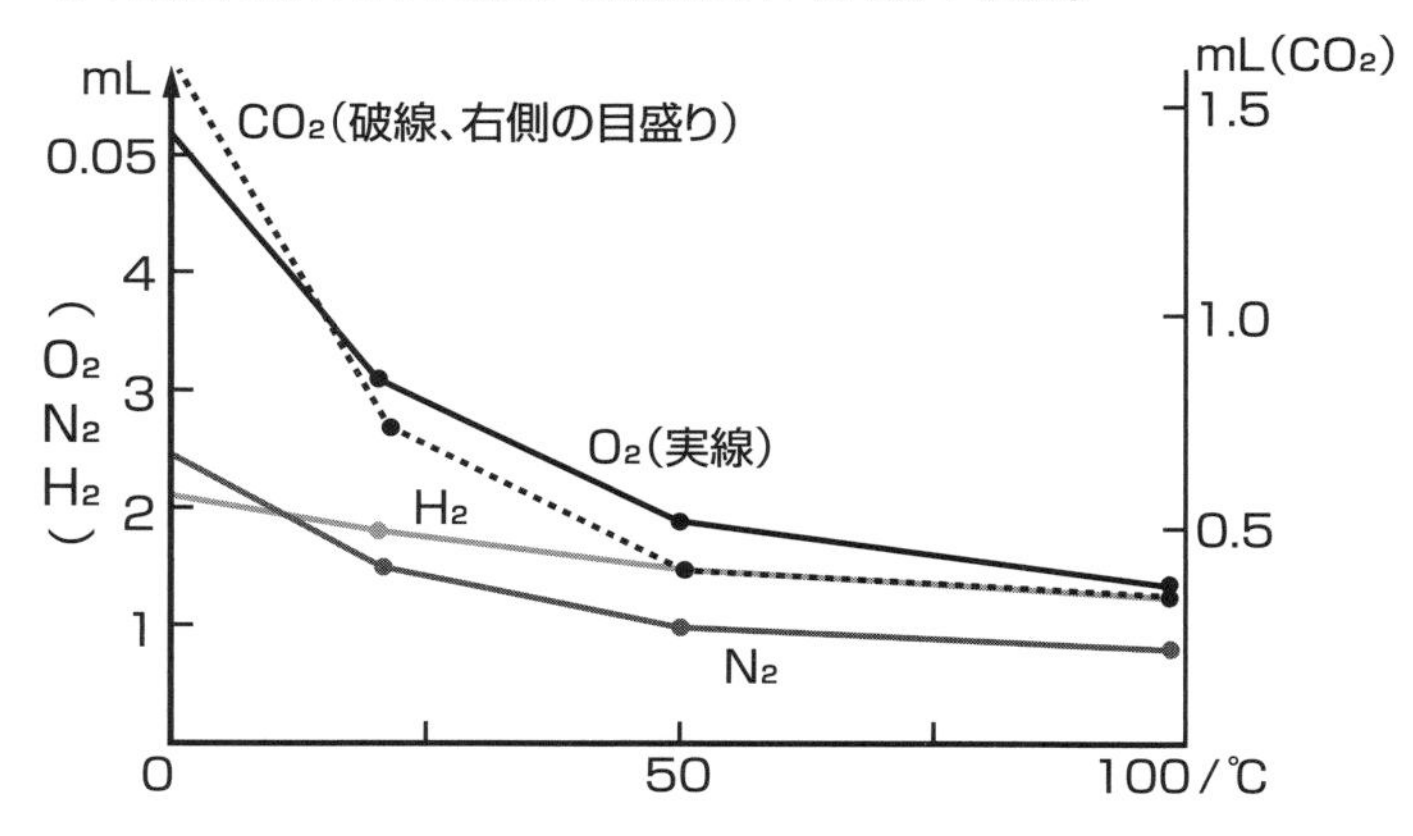

●二酸化炭素と水の反応

$$CO_2 + H_2O \rightarrow H_2CO_3$$

空気中の二酸化炭素が増えると温室効果によって気温が上昇し、その結果、海水中に溶けていた二酸化炭素が放出されて、さらに高濃度になります。

気体の溶解度にはヘンリーの法則がなり立ちます。それは「液体に溶ける気体の質量は圧力に比例する」というものですが、気体の体積は圧力に反比例し、圧力が2倍になると体積は半分になります。したがってヘンリーの法則は「液体に溶ける気体の体積は圧力に関係しない」と言うこともできます。

●ヘンリーの法則

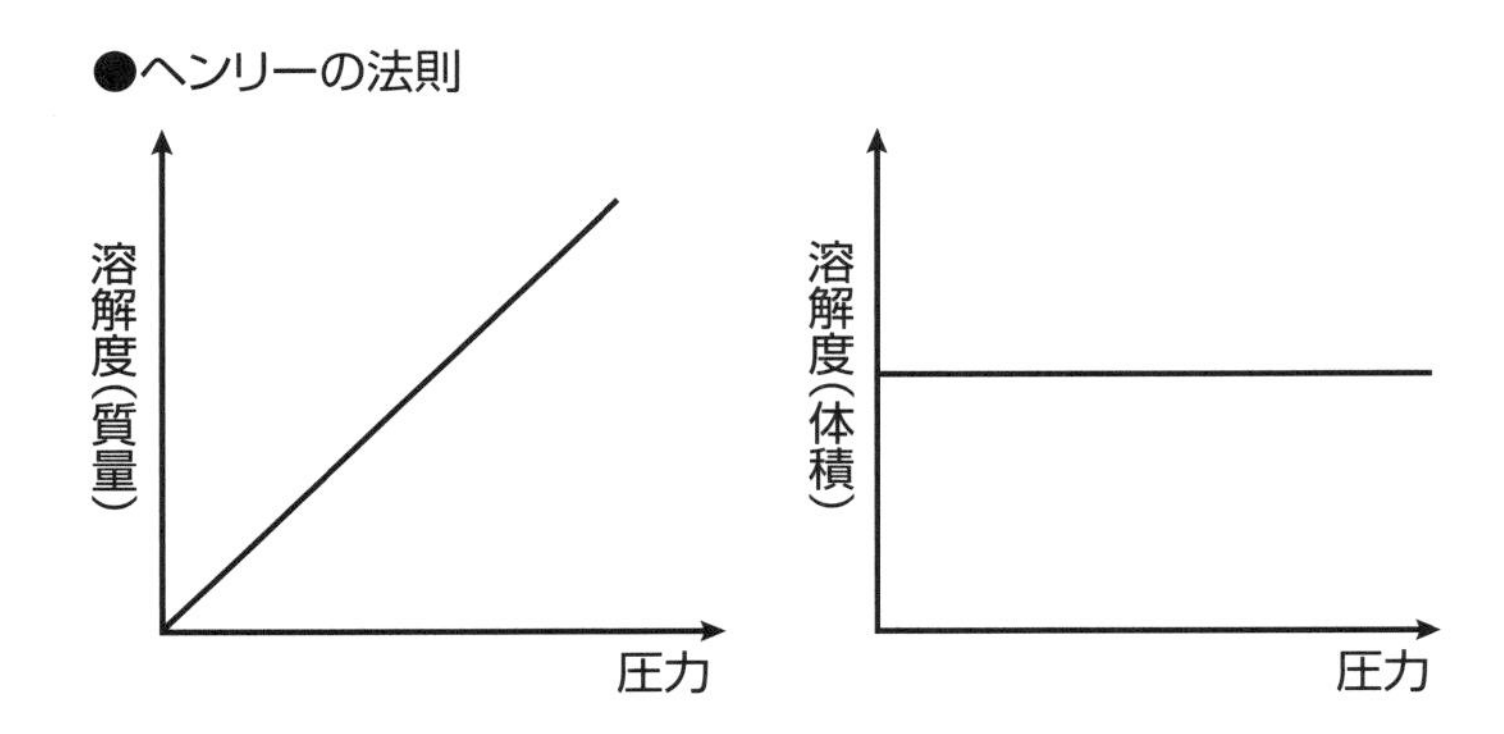

SECTION 22

濃度で変わる融点と沸点

溶液の融点(凝固点)は純粋な溶媒の融点より下がり、反対に沸点は純溶媒より高くなります。この現象をそれぞれ凝固点降下、沸点上昇といいます。

凝固点降下

台の上にたくさんのミカンをピラミッド形に積んでみましょう。当然ですが、台を揺するとミカンの山は崩れます。しかし簡単には崩れません。次にミカンだけでなく、1割ほどの個数のリンゴを混ぜたピラミッドを作ってみましょう。崩れやすいので作りにくいですが、無理して作りましょう。そして、先ほどと同様に揺すってみましょう。今度は簡単に崩れてしまいます。

ミカンだけのピラミッドは純溶媒の結晶、リンゴの混じったピラミッドは溶液の結晶です。崩れにくいということは、結晶を溶かすのに大きなエネルギー、すなわち高い温度を必要とすることを意味します。反対に崩れやすいというのは低い温度で崩れることを意味します。すなわち、溶液の融点は純溶媒の融点より低いのです。塩分を含む海水や糖分を含むジュースは真水より凍りにくいという経験の通りです。

モル凝固点降下

凝固点の降下は、溶けている溶質のモル数に比例し、溶質の種類には無関係なことが知られています。すなわち、塩であれ、砂糖であれ溶けているモル数が同じならば同じ効果なのです。

溶媒1kgに1モルの溶質が溶けた時の溶媒の融点降下度をモル凝固点降下K_fといい、その値は溶媒によって異な

●モル凝固点降下とモル沸点上昇

名前		沸点(℃)	モル沸点上昇(度) K_b	凝固点(℃)	モル凝固点降下(度) K_f
水	H_2O	100	0.52	0	1.86
ベンゼン	C_6H_6	80.2	2.57	5.5	5.12
酢酸	$C_2H_4O_2$	118.1	3.07	16.7	3.9
ナフタレン	C_2H_8	218	5.80	80.2	6.9
ショウノウ	$C_{10}H_{16}O$	209	6.09	178	40.0

ります。いくつかの例を表に示しました。この関係を利用すると、溶質の分子量を決定することができます。

つまりある溶媒1kgに構造未知の溶質Mgを溶かしたとき、その溶液の融点がK_f℃だけ下がったとしたら、それはMgがその溶質の1モルだったことを意味します。つまり、この溶質の分子量はMである、ということになります。

モル沸点上昇

沸点にも同じ関係がなり立ちます。沸点の場合にはモル沸点上昇K_bと言う数値が測定されており、それを利用すると溶質の分子量を決定することができます。

SECTION 23

はぐれ分子の蒸気圧

静置した水槽の表面は静かで何の変化も起こっていないように見えます。しかし、原子、分子レベルで見ると様子は違います。

水の表面では水分子が忙しそうに動き回っています。表面の分子だけではありません。水槽の内部から浮き上がってくる分子もあります。反対に表面から内部に潜り込む分子もあります。これが分子の熱運動です。どのような液体でも分子は絶対0度でない限り、多かれ少なかれこのような分子運動を行っています。

水の蒸気圧

それだけではありません。水面の分子は時折空気中に飛び出します。そしてしばらく経つと水面に飛び込んで来ます。一定時間で見ると、飛び出す分子の個数と飛び込む分子の個数は等しくなっています。そのため、水槽の水分子の個数は変わりません。

このように変化は起きているのに、時間平均で見ると変化の起きていないように見える状態、それを平衡状態といいます。

このとき、液体表面から空中へ飛び出した分子が示す圧力を蒸気圧といいます。今の話では水の(その温度での)蒸気圧ということになります。当然の話として温度が上がれば分子運動は激しくなりますから蒸気圧は高くなります。

溶液の蒸気圧

水の表面と同じように、溶液の表面からは溶液分子が蒸発して蒸気圧を示します。しかし、溶液の場合には、液体の成分は単一ではありません。溶質と溶媒があります。こ

●水の蒸気圧

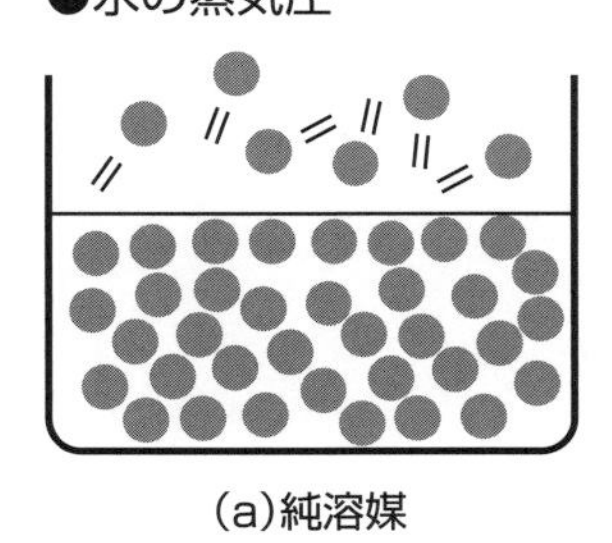

(a)純溶媒

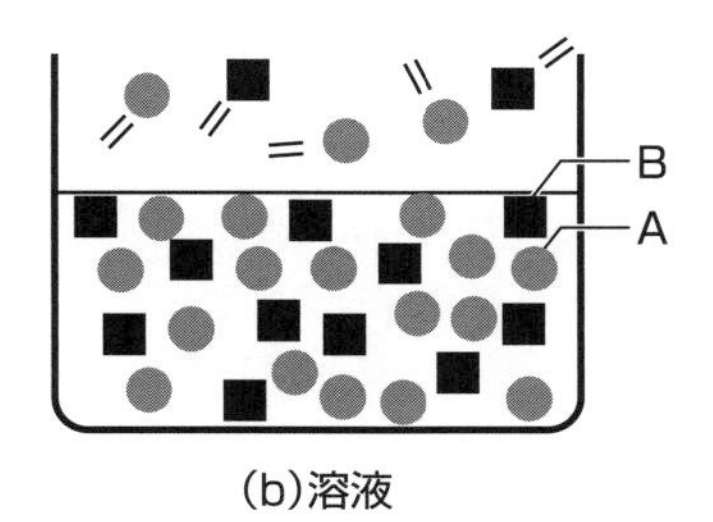

(b)溶液

の場合、両者の関係はどうなるのでしょうか?

2種類の液体AとBを混ぜた溶液の表面の様子を考えてみましょう。表面にはAとBの分子がその濃度に応じた割合で浮かんでいると考えられます。すると、Aが気化しようとする時にはBを避けて気化しなければなりません。Bも同様です。この結果、AもBも、単独でいる場合より気化する確率は低くなります。これは、AとBの(混合)溶液の場合には、A、Bの蒸気圧はそれぞれ単独でいる(純溶媒)場合より低くなることを意味します。

科学者ヘンリーは、液体成分AとBからなる溶液の蒸気圧P_Tは、Aの蒸気圧P_AとBの蒸気圧P_Bの和で表されることを発見しました。このように溶液における各成分の蒸気圧P_A、P_Bを特に分圧といいます。

次いで同じく科学者であるラウールは、A、Bそれぞれの分圧は純粋のAの蒸気圧$P_A{}^0$、純粋Bの蒸気圧$P_B{}^0$にA、Bのモル分率を掛けたものであることを発見しました。モル分率というのは、溶液

●蒸気圧

$$P_T = P_A + P_B$$

$$P_A = P_A{}^0 \frac{n_A}{n_A + n_B} \qquad P_B = P_B{}^0 \frac{n_B}{n_A + n_B}$$

$P_A{}^0$、$P_B{}^0$:純粋なA、Bの蒸気圧

中に占めるA、Bの割合をモルで表したものです。

ラウールの法則

数式の意味を言葉で表そうとすると大変にわかり難いのですが、図で示すと大変にわかりやすくなることがあります。ラウールの法則もそのような例の一つです。図は溶液の蒸気圧P_Tと、その成分A、Bの分圧P_A、P_Bの関係を表したものです。

P_TがP_AとP_Bの和であることがよくわかります。そして、P_A、P_Bがそれぞれのモル分率で表されることもよくわかります。しかし、全ての溶液がラウールの法則に従うわけではありま

●ラウールの法則

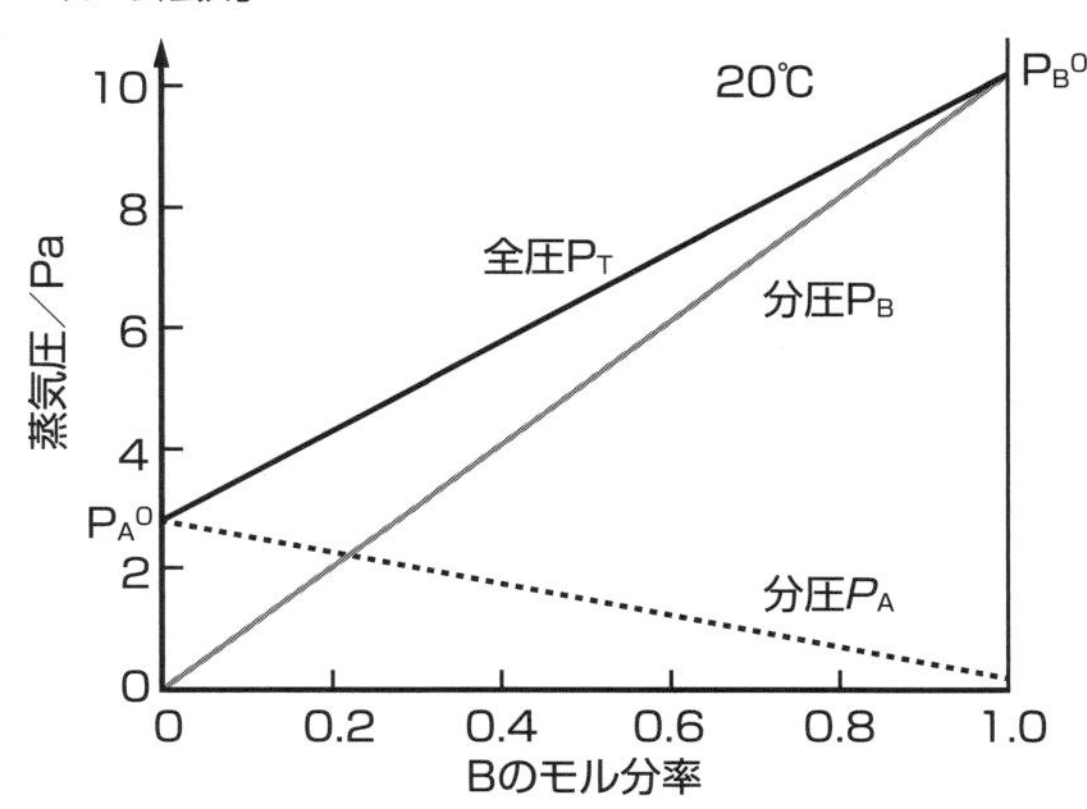

せん。

図ⅠはベンゼンC_6H_6とトルエンC_6H_5-CH_3の混合溶液の蒸気圧と、それぞれの分圧を示したものです。ラウールの法則が理想的な形で表れていることがわかります。

図Ⅱはアセトン$(CH_3)_2C=O$とクロロホルム$CHCl_3$の混合溶液の蒸気圧変化です。ラウールの法則から大きく外れています。これはアセトンとクロロホルムの間に分子間力が働き、互いに引き付けあった結果、両方の蒸気圧が低下したことによるものです。図Ⅰの例のように、ラウールの法則に一致する溶液を理想溶液と呼ぶことがあります。

●ベンゼンとクロロホルムのモル分率

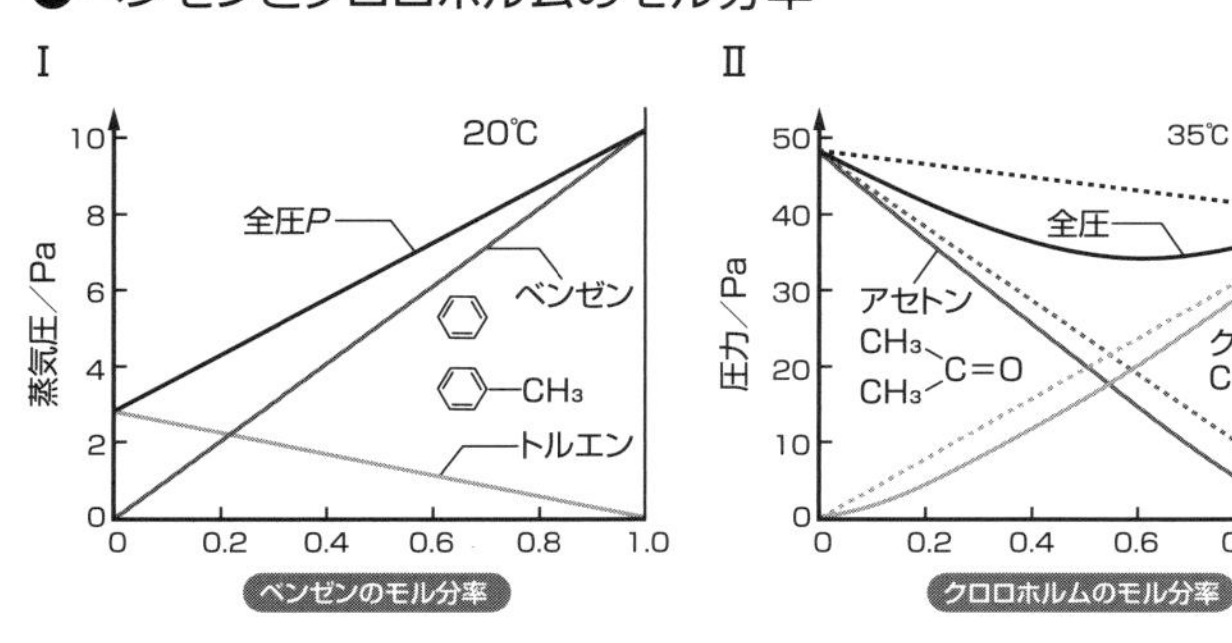

SECTION 24

水だけ通れる半透膜

野菜に塩をまぶして置いておくと、野菜から水が出て塩は溶け、野菜はしなびて漬物になります。これは野菜の細胞膜が半透膜になっているからです。

半透膜

布の袋に砂糖を入れて水槽に沈めておくと、水槽の水は甘くなり、袋の砂糖は溶けて無くなります。それに対してセロハン紙で袋を作って同じことをしても、水槽の水は甘くはなりません。その代わり、セロハン紙の袋の中には水が入り、パンパンになっています。

これは布の目は粗いので、砂糖も水も同じように通すのに対して、セロハン紙の目は細かいので、水は通すが砂糖は通さないからです。そのため、水はセロハン紙の目を通って袋の内部に入りますが、砂糖は目をくぐって袋の外に出ることはできないのです。セロハン紙のように目の細かい膜を半透膜といいます。細胞膜は代表的な半透膜です。

浸透圧

体積Vの溶媒にnモルの溶質を溶かした溶液を作り、それをピストンに入れましょう。そしてピストンの底に穴を開けて半透膜を貼っておきます。このピストンを図のように水槽に沈めたらど

●半透膜

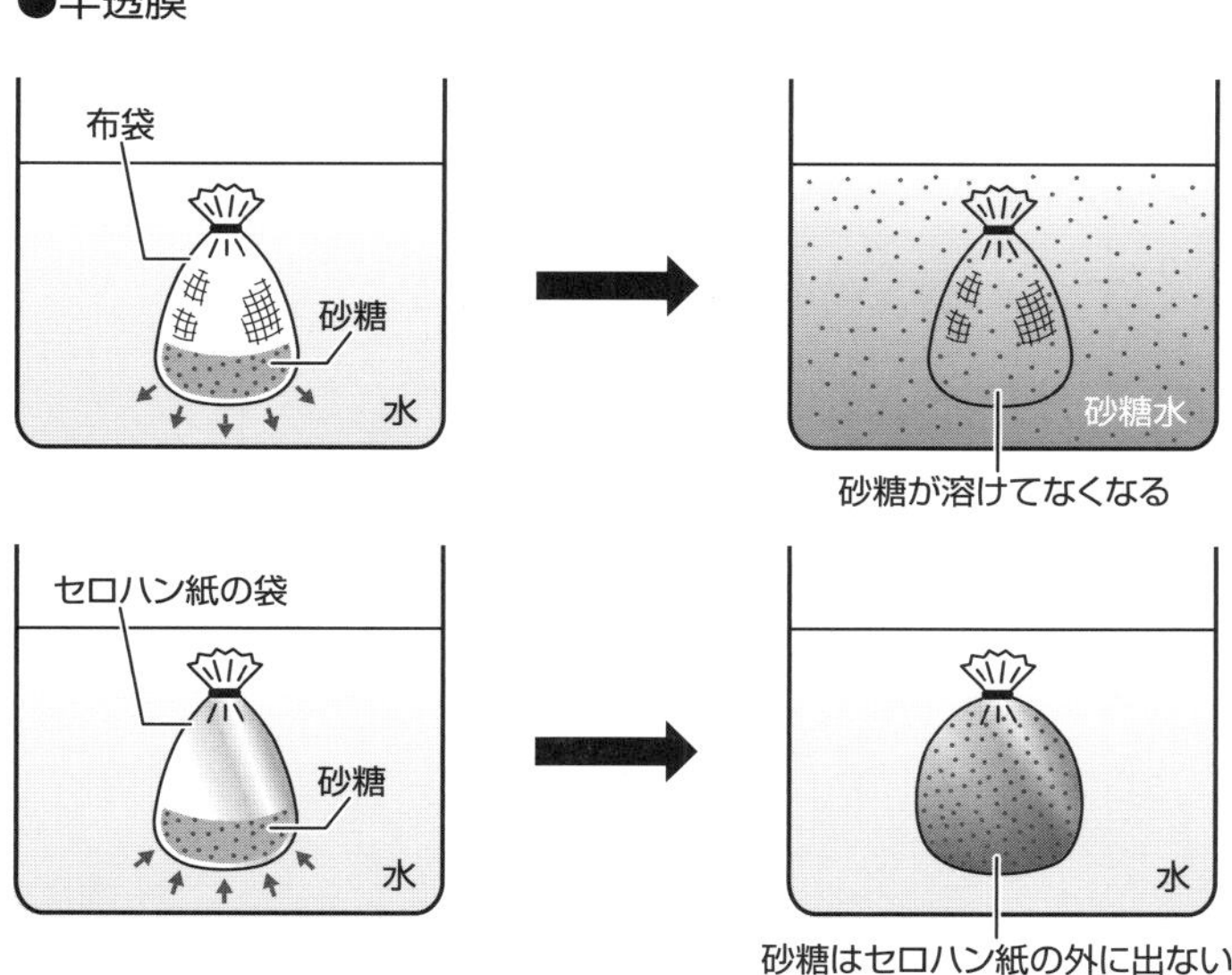

うなるでしょう?。

半透膜を通って水がピストン内部に入ってきます。その結果、溶液の量(体積)は増え、ピストンの蓋は持ち上げられます。この蓋を押し下げて、元の高さに戻すためには蓋に圧力πを掛けなければなりません。この圧力を浸透圧といいます。

浸透圧πと体積V、溶質モル数n、温度Tの間には式①の関係があります。これを、発見した人の名前を取ってファントホッフの式といいます。気体の状態方程式によく似た式です。

この式は浸透圧は溶質の種類には無関係で量(モル数)にだけ関係することを示しています。

●浸透圧

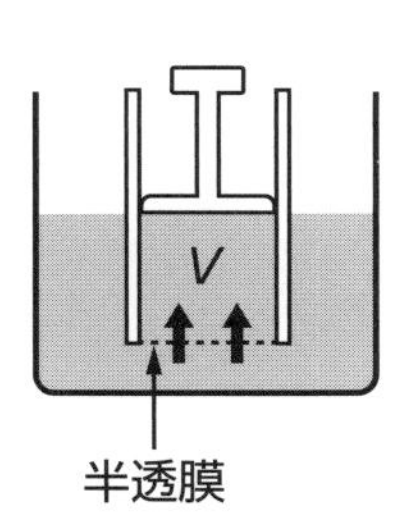

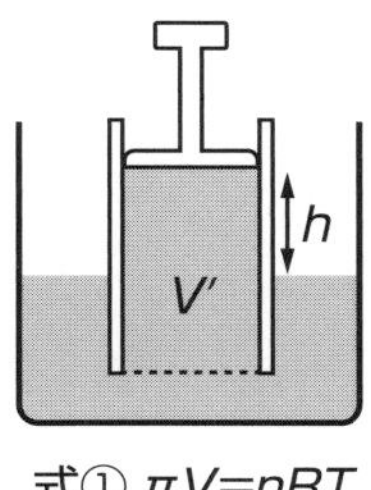

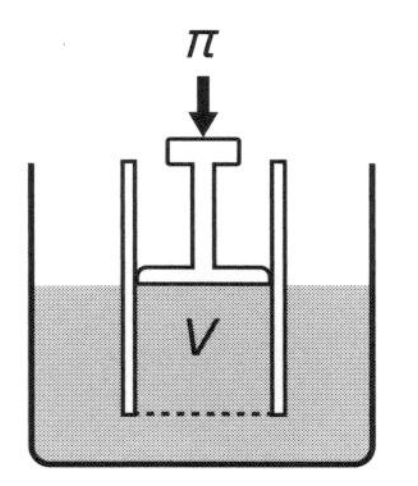

式① $\pi V=nRT$

π：浸透圧
V：体積
n：溶質モル数

浸透圧と人体

浸透圧は人体において、体液の維持に重要な役割を果たしています。汗をかいて体から水分が失われると、体液の浸透圧が上昇して抗利尿ホルモン（尿の量を減らすホルモン）の分泌が刺激されます。

このため腎臓での尿の貯蔵量が増え、水の再吸収が進行して体内の水分が保持されます。また、汗をかくとのどが渇くため、水を飲みます。したがって抗利尿ホルモンの分泌増加と同時にのどが渇くことによって、水の摂取量と排せつ量のバランスをとって浸透圧を調節しているのです。逆に、水やビールなどをたくさん飲みすぎると、抗利尿ホルモンの分泌が抑制され、尿を多く出して体液量を調節します。

ナメクジに塩をかけると小さくなるのも、浸透圧のせいです。これは、ナメクジの体（細胞内）の水が細胞膜を通して塩濃度の高い体外へ移動したために起こったもので、ナメクジが塩によって溶けたのではありません。体内の水分が少なくなって体が縮んだだけです。ですから、縮まったナメクジに水を掛けると元気になることがありますが、そのまま死んでしまうこともあります。

SECTION 25

分身して増える電解質

ある種の分子ABは水に溶けると陽イオンA^+と陰イオンB^-に分離します。この現象を電離といい、電離することのできる分子を電解質といいます。

電解質

イオン結合でできた分子で水に溶けるものは典型的な電解質です。このようなものとしては塩化ナトリウム$NaCl$、塩化カルシウム$CaCl_2$、塩化アルミニウム$AlCl_3$、水酸化ナトリウム$NaOH$などがよく知られています。また、第8章で見る塩(えん)も電解質ですが、右にあげた例も全て塩です。酢酸ナトリウムCH_3COONaは有機物ですが、塩であり、電解質です。

それぞれの電離反応を示しました。注意していただきたいのは、電離すると分子(イオン)の個数が増えるということです。NaClは1個から2個、$CaCl_2$は3個、$AlCl_3$は4個に増えています。これは溶液中の分子が2倍、3倍、4倍に増えたことに相当します。これが電解質の大きな特色です。

電解質溶液の性質

電解質を溶かした溶液を電解質溶液といい、いくつかの大きな特徴があります。

❶伝導性

電流というのは電子の流れです。電子がAからBに移動したとき、電流はBからAに流れたというのです。電線(金属)中での電流はそのものズバリ、電子の移動です。しかし、電子でなくイオンが移動しても同じことになります。そのた

●電解質の電離反応

$$NaCl \longrightarrow Na^{+} + Cl^{-} \quad (2個)$$

$$CaCl_2 \longrightarrow Ca^{2+} + 2Cl^{-} \quad (3個)$$

$$AlCl_3 \longrightarrow Al^{3+} + 3Cl^{-} \quad (4個)$$

め、電解質溶液は伝導性を持っています。

❷ 凝固点降下・沸点上昇

先に見たように溶液の凝固点降下や沸点上昇は溶液の濃度に比例します。NaClを1モル溶かした溶液の中には、NaClが電離したため、Na^{+}が1モルとCl^{-}が1モル、あわせて2モルの分子（イオン）が存在することになります。つまり、2倍の温度の凝固点降下、沸点上昇が起こるのです。

❸ 浸透圧

まったく同じことが浸透圧でも起こります。電解質溶液では分子数が増えることに注意しなければなりません。地球上のすべての天然水は多かれ少なかれ、電解質を含んだ電解質溶液です。

Chapter.5
水の循環

SECTION 26

水の変遷（霧・雲・雨・雪）

水分子はたくさんある分子の中でも、最も安定な分子の1つです。水分子を物理的な力で破壊しようとしたらよほどの高熱か、落雷の放電のような大電流のスパークの大きな電気エネルギーが必用でしょう。しかし、化学反応ならそれほどのエネルギーが無くとも分解することはできます。

大自然の中に発生した水分子は、他の分子と化学反応して他の分子に生まれ変わるかする以外は、大自然の中にそのまま留まって大自然の一環として過ごします。

凝固・蒸発・凝縮

海洋の水は蒸発して雲になり、風に吹かれて大陸に移動し、高空で冷却されて氷となり、重力に引かれて落下するうちに雹（ひょう）や雪や雨となります。地上に落下した後、あるものは地下にしみ込んで地下水となり、あるものは地表を移動して河川に入り、そこを流れ下って海洋に戻ります。

その間、雨として空気中のゴミや汚染物質を自身に溶かして除き、地表のゴミや汚れを川に運び、最後には海に運んで微生物と共に分解して無毒化します。雨の一粒一粒は小さな可愛いものですが、激しい大雨で発生する洪水となって川を流れ下る水の激しさは、これがあの雨の一粒と同じものかと思うほど獰猛で危険に見えます。

しかし、例えどのように見えようとも、水は水分子の集まりなのです。水滴の一粒としている時でも、猛り狂う洪水の一部としている時にも、常にH_2Oという水分子の集まりなのです。

水の個数

一体、水の中には何個の水分子が存在するのでしょう？　簡単です。高校で習った通りです。1モルの分子は6×10^{23}個なのです。この数字は、発見した人の名前をとってアボガドロ数といいます。1モルというのは、分子量と同じ質量（重量）の重さです。

水の話をしているのですから、水で考えましょう。水の分子式はH_2Oですから、水分子は2個の水素原子と1個の酸素原子からできています。原子は眼で見るなどということは考えられないほど小さな粒子ですが、粒子であるからには重さがあります。

1個の原子の重さが何kgかという質問に答えるのは簡単ですが、そんな0・0…何kgというような数字を聞いても、実感は湧かないでしょう。原子の重さは相対的な重さで表します。それを原子量といいます。最も小さな水素の原子量は1で、その次のヘリウムは4です。炭素は12で、酸素の原子量は16です。

分子の相対的な重さは分子量といい、それは分子を構成する全原子の原子量の総和です。したがって、水の分子量は$1 \times 2 + 16 = 18$となります。つまり、18gの水の中には6×10^{23}(6000垓)個の水分子が入っているのです。「垓」という単位はほとんど聞くことがありませんが、日本の国家予算がようやく100兆円規模です。その1兆の1万倍が京であり、そのまた1万倍が垓なのですが、なかなかピンときません。

そこで思考実験をやってみましょう。

赤い水

コップ1杯の水を考えてください。コップ1杯は約200mLですが、簡単にするため、180mLとしましょう。すると180gであり、この水は10モルなので、その中に入っている水分子の個数は6×10^{24}個となります。この水を特殊染料(そのような染料は実在しませんが)で染めて赤くします。この赤い水を東京湾のお台場に持って行って、海に捨てたとしましょう。赤い水は足元に落ちた途端に見えなくなりますが、足元の水面に広がり、東京湾に広がり、太平洋に広がります。蒸発して空気中に入って雲になり、アメリカ大陸で雨になって地上に落ち、ミシシッピ河を下って大西洋に入ると、地球上に広がっていきます。何万年後か何億年後か、赤い水が全地球上に万遍なく広がったときに再びお台場に行って、コップ1杯の水を掬ってみましょう。

ここで問題です。さあ、このコップの中に赤い水分子は入っているでしょうか?

問題のいきさつから考えて答えは「入っている」だということは想像できるでしょう。その通りです。入っています。なんと700個も入っているのです!

アボガドロ数という数の巨大さが実感されるのではないでしょうか?

SECTION

27

水の存在(海洋・河川・湖沼・地下)

水には色々の種類があります。水道から出てくる水道水、コンビニで売っているミネラル水、不純物の少ない蒸留水、ほぼ水だけの超純水、海にある海水、深い海底から汲んでくる深海水、美味しいといわれる軟水、洗濯に向かないといわれる硬水、掃除に良いとかいわれる電解水など、数えあげたらきりがありません。

淡水

私たち生命体にとって大切なのは淡水です。淡水とは海水の反対の言葉で、塩(塩化ナトリウム)NaClを含まない水と考えてよいでしょう。ところがその淡水の量は、信じられないほど少ないのです。つまり、地球上に存在する全水量のわずか2・6%に過ぎません。地球上の水の97・4%は海水、つまり塩水なのです。

しかも、その少ない淡水のおよそ77％は南極や北極にある極氷や氷山、大陸の高山にある氷河であり、残り23％は地下水です。しかし、これらの淡水は簡単に利用できる水ではありません。水を飲むのに、南極まで行って氷山をかじってくるなどというのは現実的とはいえません。私たちが飲料や掃除洗濯の家庭用、あるは工場で日常的に利用する淡水は、河川や湖沼に存在する水ですが、その量は、このような粗い計算では数値にできないほどの少量に過ぎないのです。

地球は水の惑星といいますが、宇宙から見える水は塩水の海水だけで、私たちにとって真に大切な、私たちの命を支える淡水は、極端なことをいえば無いに等しいような状態なのです。

河川

とはいうものの、河川や湖沼に湛えられた水は私たちにとって最も身近な淡水であり、河川・湖沼水は私たちの生活はもとより、飲料水をはじめ生活用水となって命を支えてくれる大切なものなのです。

河川は私たちの身のまわりに網の目のように張り巡らされています。それはまるで人体における毛細血管のようなものです。しかし、普段は私たちの生活を助けてくれる優しい河川も、一旦洪水となり、高潮、津波となったときには私たちの生活、生命を根こそぎ奪い取る恐ろしい簒奪者となることも忘れてはいけないことです。

河川の汚染

河川は、雨水を集めて海に運んでくれる、いわば「陸上の掃除人」です。そのため、河川には陸上の汚れ、有害物質が溜まります。一見したところ美しく澄んだ河川水の中に恐ろしい有害物質が溶け込んでいる可能性があります。

そのような例が日本の四大公害の1つ、富山県の神通川流域に起こった「イタイイタイ病」でした。骨が弱って骨折を頻発し、例え寝込んでも、咳をする、あるいは寝返りを打っただけでも新たな骨折となり、患者はいつも「イタイイタイ」と言っていることからついた、病気の悲惨さを表す病名でした。

病気の原因は金属元素カドミウムCdの摂取でした。神通川流域の耕地がカドミウムによって汚染されていたのでした。そのカドミウムが農作物を汚染し、農作物の中に入り、農家の人が自宅で栽培した作物にカドミウムが蓄積したことによるものでした。なぜ神通川流域の耕地がカドミウムで汚染されたのでしょう？　その原因は神通川の上流にある岐阜県神岡町の神岡鉱山でした。ここでは亜鉛Znを採掘していましたが、副産物として亜鉛と同族元素であるカドミウムが混じっていたのです。

現在ではカドミウムは、化合物半導体の原料、原子炉の中性子制御材などとして重要な金属ですが、1950年頃までは使い道の無い厄介者でした。そこで、廃棄物として神通川に棄てていたのです。

現在では神岡鉱山は宇宙線の一種ニュートリノの観測施設「カミオカンデ」となって日本に2個のノーベル物理学賞を運んでくれるという功績を果たしています。3個目も近いことでしょう。

湖沼水

湖の起源は色々ありますが、最も基本的なものは新しく噴出した溶岩によってできた巨大窪地に水が溜まったものです。いわゆるカルデラ湖です。このような湖水には生物を育てる養分が何も無いので貧栄養状態といわれ、水は生物によって汚染されることが無いので透明で澄み切っており、その分、魚は勿論水草も生えません。しかし、このような湖水にもやがて川が通じ、土砂と栄養物が流入すると、生物が繁殖し始めます。そして長い年月の後、湖水には土砂と有機物が満ち、富栄養湖へと変化していきます。

湖水の富栄養化は、自然条件下では数万年の期間を要する変化です。しかし、栄養分の十分な供給があればこの変化は数十年の期間でも起こる可能性があります。現代の湖水でも進行が確認されています。

湖水の生体を養うには種々の養分が必要です。生体の生育速度は生育にとっての必要成分のうち、最も少ない成分の供給速度に依存しますが、そのような成分を制限基質といいます。湖水では多くの場合、窒素N、リンP、カリウムKのいわゆる植物の三大栄養素のひとつが制限基質となります。

窒素やリンは農薬や屎尿(しにょう)に含まれますし、リンは中性洗剤にも含まれます。窒素やリンが制限基質になっている湖水に、このようなものが流れ込むと微生物が急激に繁殖します。その後、これら微生物の枯死、腐敗が起こるとさらなる富栄養化が進行し、湖水の水質は一気に悪化します。この結果、湖底はヘドロで覆われ、水質は悪臭を伴って悪化するということになるのです。

湖沼の汚染

海洋では赤潮（あかしお）、青潮（あおしお）などと呼ばれる海水の異常が起き、生物に多大な被害を与えることがありますが、湖沼でも同様です。赤潮、青潮は富栄養化した湖水に大量の水性プランクトンが発生したことによるものです。水の色は、プランクトンの種類、活性、密度によって異なり、色の違いから、白潮、青潮、赤潮などとよばれます。

赤潮はそれ自体が魚介類に害を及ぼすこともありますが、その水性プランクトンが死んで腐敗することによって水域が酸素不足となって魚介類に死を招くこともあります。またその腐敗臭が水辺に漂って住人を悩ませたり、その湖水が上水道に使われている場合には上水道に異常臭が漂い、住民に迷惑をかけることになります。

SECTION 28

淡水の貯蔵庫（氷河・氷山）

氷河・氷山は共に淡水の巨大な塊ですが、山岳地帯に存在して長い時間をかけて下流域に移動する物を氷河、極地方の海面に浮かぶものを氷山といいます。

氷河

氷河は、山岳地帯または傾斜した地形に、何年にもわたって堆積した万年雪が圧縮されることでできます。山地では重力、平坦な大陸では氷の重さによる凝固点降下（73ページ「水の状態図の見方」参照）で生じた水の摩擦力低下などによって流動します。

氷河の底部には過去の氷期にできた氷が融けずに残っている場合もあります。氷河は地表を侵食し、その土砂を他の場所に堆積するなどの活動を活発に行い、ノルウェーのフィヨルドなど独特な氷河地形を生み出します。

地球の気温と氷河は密接な関係があり、海進、海退など海岸線の形成の原因となります。現在陸上に見られる氷河は、南極氷床、グリーンランド氷床を最大級として、総計1633万平方キロメートルに及び、陸地面積の約11%を覆っています。しかし最近では、地球温暖化の影響でその面積や厚さの減少が激しく、問題となっています。

❶ 氷河の温度

氷河には発達地域によって2種類の形態があります。1つは山岳地に形成される山岳氷河であり、もう1つは主に南極大陸とグリーンランドの広大な面積を覆

●ノルウェーのフィヨルド

う大陸氷河です。

山岳氷河の温度は一年を通して表面から底部まで、氷の融点付近にあることが知られています。一方、極地の氷河は水の激しい昇華冷却によって、常に氷点下にあり融解することはありません。南極地域の氷河の表面は季節により融点付近に達し、溶けた水がいくらか氷河内部に流れ込みますが、氷河の底部は常に融点以下に保たれています。

❷氷河の種類

氷河の中で最も小規模なものは山岳地帯の谷間に存在することから、谷氷河といいます。日本に現存する氷河は、すべて谷氷河です。

それより少し大きな規模のものは、氷帽から流れ出る流出氷河といいます。氷帽は山の頂上にある雪の塊で、氷帽から氷の舌のようになって谷間に流れ出ることによって、流出氷河を形成します。

氷河の中で最も大規模なものを氷床といいます。氷床は地表面のほぼ全てを覆い隠すほどの規模で、現在では南極大陸とグリーンランドに存在するだけです。氷床の量は膨大なため、仮にグリーンランドの氷床が全て融解した場合には6ｍ、南極の氷床が融解すると氷の重さで沈んでいた南極大陸が浮かび上がることと融けた氷の体積によって65ｍも海面が上昇するといわれています。こんなことになったら、現在の平野の大部分は海に沈んでしまうことになります。

氷原は氷床に似ていますが、氷床に比べると厚さ、面積共に小型です。氷原は標高が高い平原に多数あり、アイスランド、北極海の島々、北太平洋山脈からアラスカにかけての地域などに存在しています。

カービング氷河は、末端が海または湖

●南極大陸の氷河

に流れ込んでいる氷河です。海や湖に到達した氷河では、崩れ落ちるか、あるいは分離して氷山を形成します。この過程を氷山分離（カービング）というのです。

比較的温度の高い氷河は、融解と凍結を繰り返すため、一般にザラメ雪と呼ばれる雪が主成分となります。この氷河の氷は、氷と雪の層の下で圧力を受けて融解し、粒状のザラメ雪になり、それが一定の年月を経ると、さらに圧縮されて氷河の氷となります。

❸日本の氷河

かつて日本に氷河は存在しないとされていました。しかし、1999年に立山連峰に永久凍土が発見され、数年間の調査によって流動と維持継続が確認されたことで、2012年に剱岳（つるぎだけ）と立山に氷河が現存していることが明らかとなりました。これにより極東の氷河の南限は日本の富山県・立山連峰となったのでした。

その後、2019年に氷河と確認された長野県唐松岳の雪渓も合わせると、現在では日本国内の氷河は7カ所となります。

氷山

氷山とは氷河または大陸にできた棚氷から海に流れ出した大きな氷の塊のことをいいます。

❶ 性質

氷の比重は0・92、海水の比重は1・02です。氷は海水よりわずかに軽いにすぎないので、氷山の体積の90％は水面下にあります。そのため、水上に出ている部分から水中の形状を推測するのは困難です。

また、非常に頑丈であり巨大な重量なため、容易に船体を損傷させます。このため、船の航行にとっては非常に危険です。氷山との衝突事故で最も有名なのが、1912年4月14日の「タイタニック号沈没事故」です。また、第二次世界大戦中にはイギリス海軍が氷山を航空母艦に改造する計画を発表しましたが、実現はしなかったという経緯もあります。

❷ 分布と成因

氷山が見られる海域は限られており、南半球では南氷洋、北半球では北大西洋高緯度海域です。北太平洋やベーリング海などでは氷山は見られません。

南極地域と北極地域では氷山の成因が異なります。南氷洋では、南極大陸から押し出された棚氷により形成されるため、上面が平らな台状になり巨大なものが多くなります。一方北大西洋では、氷河が海に流れ込んでできるので、とがった山型の形状のものが多くなります。

北大西洋に存在する氷山の平均的な一生は、およそ3000年前に雪として降り、万年雪となって堆積して50年後には

●氷山

氷河となり、数千年かけて移動し、最後に氷河から分離して氷山として海に浮かぶことになります。同海域の氷山は、氷山になってから平均で3年経過したものです。

❸ 個数の変動

北大西洋では、平均で毎年約500個の氷山が、大西洋横断航路に危険を及ぼす境界線である北緯48度より南に達しています。ただし、この個数には大きな変動があり、最も少なかった1966年は0個、次に少ない1940年と1958年は1個となっています。

この変動の原因としては、当初エルニーニョなどの気候変動が考えられていましたが、長期的に見ると関連性が薄いことがわかりました。

20世紀以降の氷河の後退に伴い、大規模な氷山の誕生(棚氷や氷河の崩落)が増加傾向にありますが、これは地球温暖化の影響ではないかと考えられています。

SECTION

海の川（海流と潮汐流）

海流は、地球規模でおきる海水の水平方向の流れ、つまり表層循環のことをいいます。海水の大規模な流れには、このほかに垂直方向に起こる深層循環があり、表層循環と深層循環を併せて海洋循環と呼ぶこともあります。海流は海面での風によって起こされます。

世界的に見た場合、海流には黒潮、メキシコ湾流、太平洋、大西洋、インド洋を流れる赤道海流など、多くの海流が複雑な流れを形成しています。このうち黒潮とメキシコ湾流を二大海流といい、これらは流量が多く、流速も速いことで知られています。

最近は海運も高速航海の時代となり、海流と無関係の航海を行うことが多くなりましたが、帆船時代には風と海流が機動力の大半を占めており、海流の方向と速度は船乗りにとって何より大切な情報でした。今でもこの情報価値は変わらず、海流に従った航海と逆らった航海では燃料消費量に大きな差が出るといいます。

海流の種類

海流はその性質により、暖流と寒流の2種類に大別されます。海水の比熱容量は大気に比べて非常に大きいため、暖流・寒流は沿岸の気候や水産資源に大きな影響を与えます。しかしこの分類法は化学的なものではなく、水温が何度以上が暖流というような定義は存在せず、周辺海域の水温との比較によるものです。

❶暖流

暖流は、低緯度から高緯度へ向けて流れる海流のことをいいます。周辺の海域より温度が高いため、暖流沿岸では温暖

●海流

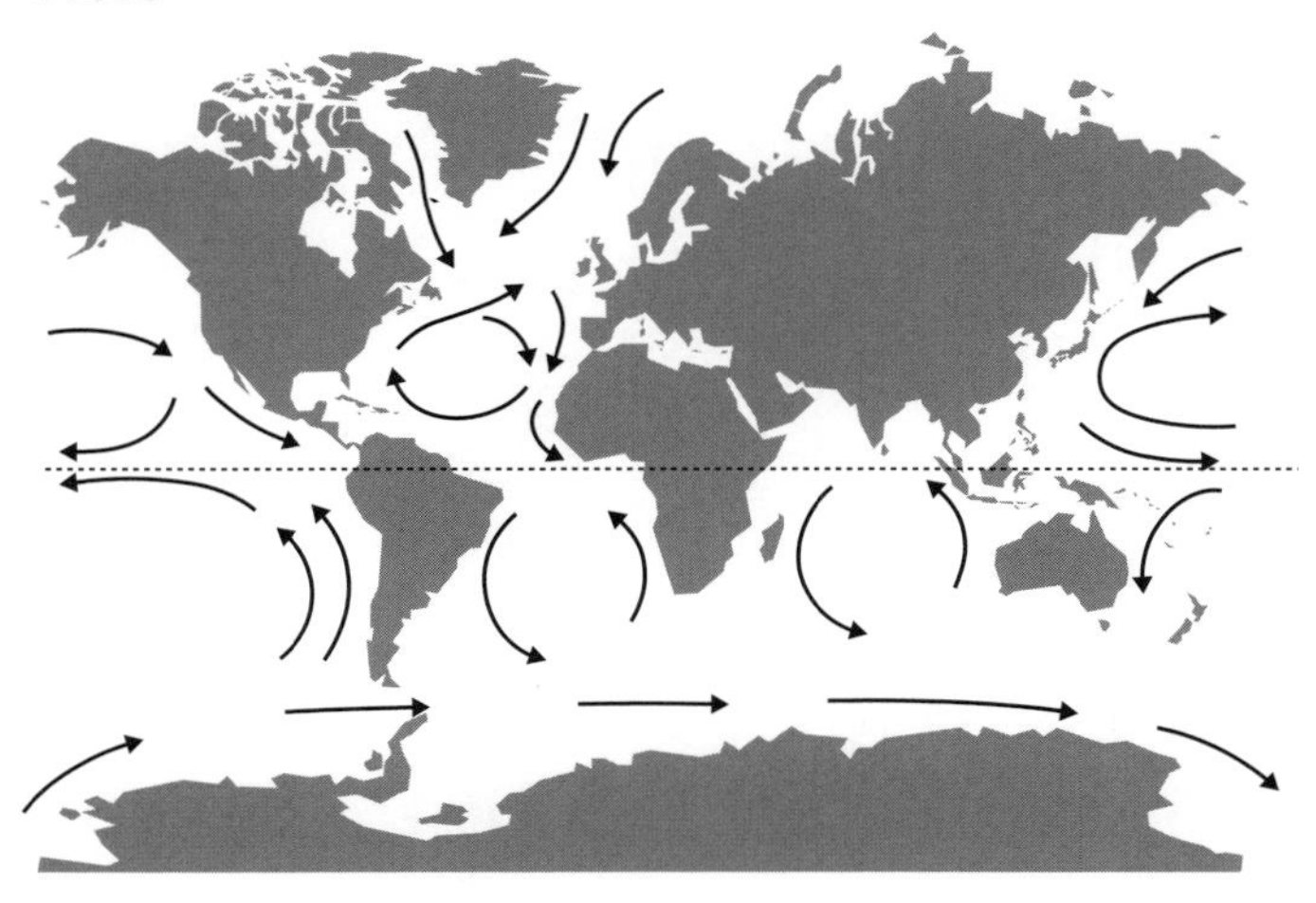

で湿潤な気候となります。これは、暖流が大気を暖めて水蒸気を供給するとともに、上昇気流が発生して雨が降りやすくなるためです。西ヨーロッパは北大西洋海流の影響を受けており、同緯度の東ヨーロッパよりも温暖な気候です。日本周辺の暖流としては黒潮(日本海流)と対馬海流があります。

❷ 寒流

寒流は、高緯度から低緯度へ向けて流れる海流のことをいいます。温度が低く、水蒸気を発生させにくい寒流は沿岸を冷涼で乾燥した気候にします。この影響で熱帯地域に形成される砂漠が海岸砂漠です。ペルー海流により形成されたチリのアタカマ砂漠はその代表例です。

日本周辺には、リマン海流と親潮(千島海流)があります。寒流の海水は濁っていて、緑色を帯びています。寒流は水温が低いため栄養に富んでおり、プランクトンが豊富です。ここに、魚類の多数生息する暖流が流れ込む海域は好漁場となります。ノルウェー海、南アフリカ共和国沖、日本海、三陸沖、タスマン海、アルゼンチン東方沖などが知られています。

成因による分類

暖流と寒流という分類以外にも、その海流の成因による分類があります。しかし、実際の海流はただ1つの成因によるものではないので注意が必要です。

❶吹送流（すいそうりゅう）

これは風が海面に及ぼす応力によって生じる海流です。風の力によって海面に運動が起こり、それが次第に下層にまで及んだもので、大規模な場合、風成海流（ふうせいかいりゅう）と呼ばれることもあります。

❷傾斜流（けいしゃりゅう）

何らかの原因によって海面に傾斜ができたときに生じた海流のことをいいます。

❸密度流（みつどりゅう）

海水の密度分布、すなわち水温と塩分の分布によって生じる海流のことです。しかし密度分布が海流の成因なのか、それとも密度分布が海流によってできたのかは明確でないところがあります。最近では厳密に密度流と考えられる海流は、深層循環だけと考えられているようです。

❹ 補流(ほりゅう)

海水の移動に伴って、他の海水がそれを補うように流れることによって生じる二次的な海流です。補流の性質を持つものとしては北赤道海流と南赤道海流の間にある赤道反流などが挙げられます。

海流の性質

海流の流速は海流によってさまざまですが、多くは一昼夜に数海里(1海里＝1.85㎞)から数十海里の速さで流れています。とくに流速が速いものは黒潮、メキシコ湾流、モザンビーク海流であって、これらでは一日に100海里以上も流れるところがあります。

海流の幅は大抵の場合、非常に広く、200㎞以上あるのも珍しくありません。一つの海流系では幅が広いところでは流速は遅く、幅が狭いところでは速くなります。また通常、海流の両側では流速は遅く、中央部では速くなります。

海流の厚さは場所によって非常に異なっていますが、外洋では海底の深さに比べるとかなり浅く、多くは深い場合でも表面から1000mほどで、浅ければ数百m程度です。しかし南極環流のように厚さが3000m以上の海流もあります。

潮汐流

潮汐（ちょうせき）は、潮の満ち干であり、地球と月の位置関係によって生じる引力による海洋の運動のことをいいます。満月のときの月の真下にある界面は、月に近いため月に引きつけられ、海水は月の方向に持ち上げられます。逆に、月の反対側の海面では、地球に遮られて弱い重力場しか働いていません。そのため、海は取り残されて高くなります。このようなことによって、海洋面の高さは月との位置関係によって大きく変化します。これを利用したのが潮汐発電ですが、それについては第7章で見ることにしましょう。

SECTION 30

１２００年で一巡（深層大循環）

深層大循環は熱塩循環とも呼ばれ、海水が地球規模で垂直方向に循環するシステムのことをいいます。メキシコ湾流のような表層海流は、赤道大西洋から極域に向かうにつれて冷却し、ついには高緯度で海底に沈み込みます。

この高密度の海水は深海底に沈み、１２００年後に北東太平洋に達して再び表層に戻りますが、その間それぞれの海盆の間で広範囲に渡って混合が起こり均一化することで海洋の世界的な循環システムを作っています。この過程で、水塊は熱（エネルギー）と物質（固体、溶解物質、ガス）を運んで地球上を移動します。

循環機構

表層海流が風によって起こるということは直感的に理解できます。そのため、昔の海洋学者は深海では風の影響が無いので完全に静止した世界であろうと考えていました。しかし近年の計測機器の発達により深海にも、潮汐による流れに加えて、表層よりかなり弱いながらも海流があるということがわかってきました。深層の流れを起こす主な原因は海水の密度の違いと考えられていましたが、近年の研究では風が主な駆動力の起源という説が有力です。

海水の密度は全地球で一様ではなく、しかもその違いは不連続です。表層で形成される水塊の間には明瞭な境界が存在し、軽い水塊が重い水塊の上に乗るというように互いに分かれて分布し、温度と塩分と圧力によって決まります。冷たい海水、塩分の多い海水は、それぞれ温かい海水、塩分の少ない海水より高密度になります。注意が必要なのは、海洋に温度と塩分を与えるのは海洋表面だけであり、地熱の効果は小さいということです。

水槽に水を入れ、表面の一部を温め他の表面の一部を冷やす実験では、定常的な鉛直流は生じません。上層の温かい水と下層の冷たい水を混合するメカニズムが必要になります。この混合は潮汐や風の効果によって生じると考えられています。

深層水の形成

海底に沈み込む密度の高い水塊は、北大西洋と南極海という限られた海域で形成されます。この海域で海水は氷になりますが、その際に排出される塩分で海水の塩分濃度が増加されます。塩分の増加が海水の凍結温度を下げ、蜂の巣状の海氷の中でさらに冷却された塩水が形成されることで非常に重くなり、氷からゆっくり落ちて海底に沈み込みます。この深層水塊は重いので、軽い海水を押しのけて沈み込んで極域の海盆を満たします。この結果、陸上の渓谷や河川のように、低層水塊は海底の地形に沿って移動することになります。

深層水の移動

深層水の流れは図に示したようなものであり、海洋の表面から海面下1500～4000mに達する深海を巡回する汎地球的な流れで、深層大循環といいます。これはグリーンランド沖で深海に潜り、移動してインド洋とベーリング海で表層に上昇して、また元に戻って巡回します。

その移動速度は深海における水平速度が毎秒10～20㎝と緩慢な移動であり、海面上層の海流の移動速度、毎秒数十mとは比較になりません。まして深層大循環の上昇速度は毎日1㎝であり、ほぼ500年で2000m以深の海水が入れ替わるといわれるほど緩慢なものです。海流や深層大循環に基づく海水の大規模な移動は地球上の温度差の解消などを通じて気候変動に決定的な影響を与えているのです。

ところが最近、この深層大循環の勢いが弱くなっているという話があります。それには地球温暖化の影響があるようです。つまり北極の氷山の融解が以前よりも南下した海面で起きているというのです。この結果、グリーンランド沖

●深層大循環

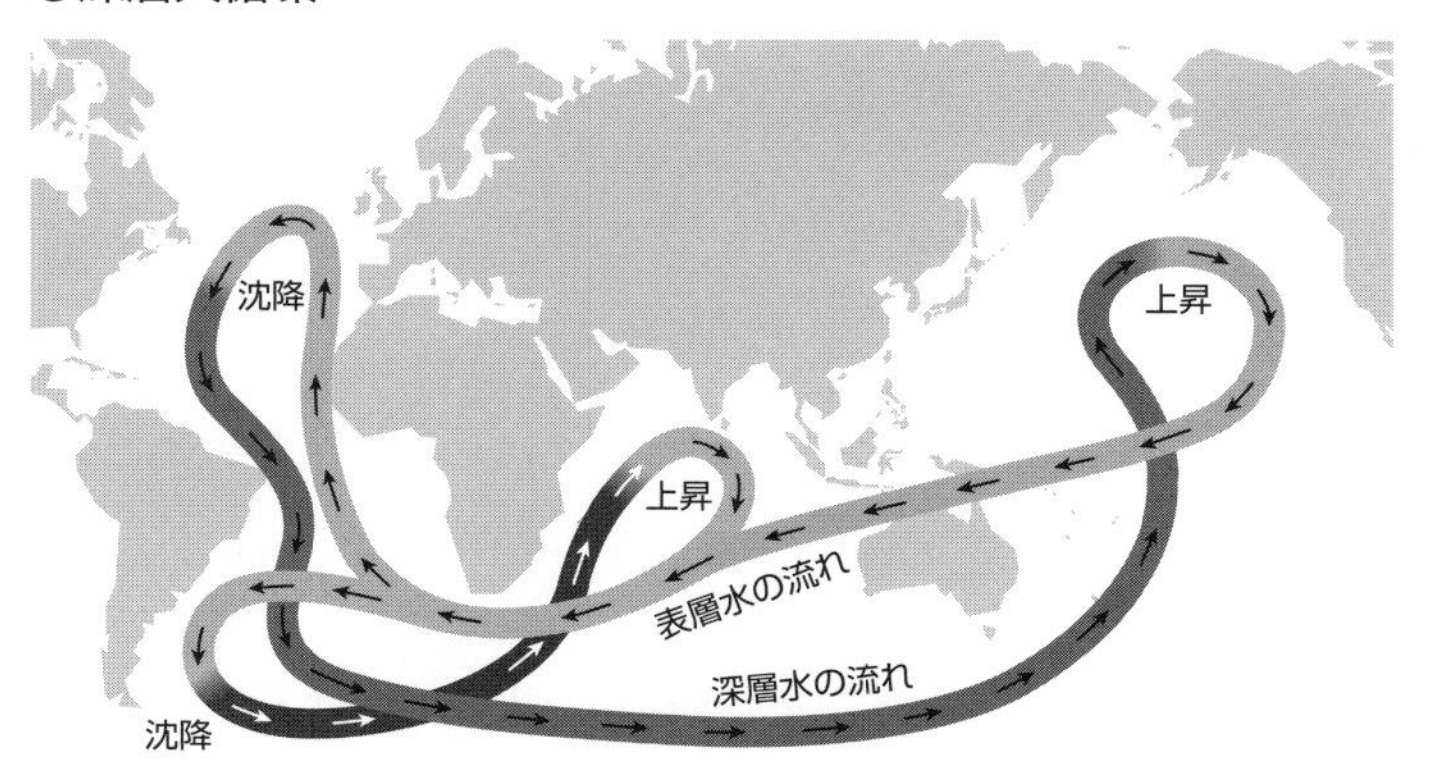

の海水の塩分が薄くなって、水の比重が低下しています。そのため、この海域の海水が深海に潜り込む力が弱くなっているのです。

今後、地球温暖化が進めば、低緯度海域の海水の蒸発が増えます。その結果、できた大気中の水蒸気が高緯度海域で雨になると、高緯度水域の海水の比重が軽くなり、沈み込む力はますます弱くなります。もしかすると「深層大巡回はしばらくお休み」ということになるかもしれない状態といいます。

Chapter. 6
水と生物

SECTION

31

生物には水が必用

地球に生命体が誕生したのは今から34億年前といわれています。分子の集合体である物質が、生命体と呼ばれるためには、次のような満たさなければならない条件があります。

① 自己複製できること
② 自分で栄養分を接種できること
③ 細胞構造を持つこと

これらの条件を満たすためには34億年より遥か以前にアミノ酸が誕生し、それが結合してタンパク質ができていたものと思われます。同じようにして核酸も誕生していたはずです。そして細胞膜を作る両親媒性物質という特殊な分子も誕生していたはずです。

そしてタンパク質や核酸が細胞膜で囲まれた細胞という空間に取り入れられることから生命体が誕生したはずです。

生命体の誕生

はじめての生命体は、水の中で単細胞生物として発生したものと考えられています。というのは、このような物質は分子量が大きく重いので、気体となって浮遊していたと考えるのはナンセンスですし、固体中では動くことができないので互いに出会って結合や反応することはほとんど不可能です。

化学反応が起きるためには溶媒に溶けた溶液状態でいる必要があり、そのような溶媒として当時地球上に存在したのは水だけだったからです。その後、長い時間をかけて多細胞生物に進化し、その中から脊椎動物が生まれ、さらに陸上へ上がって空気を呼吸する生物が現れました。そして少しずつ、長い進化の道のりを経てようやく人類が誕生したのです。

しかし、陸に上がった生命体は、決して海と無縁になったわけではありません。私たちの身体の中にはたくさんの「体液」と呼ばれる水分があります。その体液、血液、そして、女性が胎内で新しい生命を育むための羊水にいたるまで、これらは全て電解質(イオン)を含み、太古の海水に成分が似ていると考えられています。

これは、生命が海の中で誕生した名残であり、まさに私たちの身体は、内なる海を持っているといえるのです。

体に水が必要な理由

体にとって水が必要な理由はたくさんあります。そのどれもが、体内の環境を一定に保つこと(恒常性の維持)に関連しています。まず、水はたくさんの物質を溶かすことができ、金さえ溶かすことができます。そのため、各種の化学物資を溶かして、衝突させて、化学反応を行う舞台として非常に好都合です。

水は栄養素、老廃物、酸素、二酸化炭素、電解質などを溶かし込み、細胞内に運び込み、これらの物質を体内に循環させ、さらに反応の結果、生じた老廃物を体外に排出します。水の持つこうした溶媒作用、運搬作用は、多くの物質を溶け込ませて体内を巡り、さまざまな物質を受け渡すことで、体内環境を一定に保っています。

熱

水は比熱の大きい物質です。比熱とは、1gの物質の温度を1℃上昇させるために必要な熱量のことです。比熱が大きいということは、温度を上げるために多くのエネルギーが必要だということになります。

もし水の比熱が小さいと、外気温の上昇とともに体内の水分の温度も上がってしまいます。その結果、体内のタンパク質が熱変性を起こして固まり、死に至ってしまいます。水の比熱が大きいために、外界から熱が加わっても体温は一定に保たれているのです。

また水は、体内の熱を体外に放散する際にも役立っています。液体が蒸気になる時に必要な熱量を気化熱といいますが、水は1gあたり0・536キロカロリーという大きな気化熱を必要とします。このため、体表面から汗として水分が蒸発する際、効率よく熱を下げることができるのです。

SECTION

32 淡水魚と海水魚

魚には川や湖など淡水に住む淡水魚、海水に住む海水魚、それと鮭やウナギのように海水、淡水のどちらにも住むことのできる魚がいます。海水は3％以上の塩分を含む水です。それに対して淡水は塩分を含みません。

魚の体は細胞膜を挟んでこの二種の水に晒されることになります。魚はどうやってこの環境に耐えているのでしょうか？

浸透圧

淡水魚は普段、塩分濃度がほぼ0％の淡水の中で暮らしています。淡水魚の体液濃度は0・7％～0・9％ほどといわれていますので、体液よりも周囲の水の塩分濃度の方が低いことになります。

それに反して海水魚は、塩分濃度がおよそ3・5%の海水の中で暮らしています。一般的な海水魚の体液濃度は1・5%ほどですので、体液よりも周囲の水の方が濃度が高いことになります。

この差が、淡水魚と海水魚のからだの仕組みの違いに繋がっています。淡水魚も海水魚も、体液濃度と生活する水の濃度が異なるため、水と接する体表細胞の細胞膜を通じて常に浸透圧が生じ、水が自動的に移動します。その結果、もし魚たち自身が何の体内調節を行わないと、次のような状態になってしまいます。

❶ 淡水魚

体内の塩分濃度のほうが高いため、水が体内に入ってくるので体が膨らんでしまい、体内の塩分濃度は薄められてしまいます。

❷ 海水魚

体外の塩分が高濃度なため、水が体外に出てしまい、最終的に体内の水分が全て失われてしまいます。

このような危機的な状況になるのを防ぐため、淡水魚は尿を多く排泄し、水を減らしています。一方、海水魚は口から積極的に海水を飲み、エラから余分な塩分を排出し、尿はできるだけ出しません。

適応範囲

魚は普段こういった生理現象を行って生きているため、塩分濃度が大きく異なる水の中に入れられるとうまく生きていくことができなくなってしまいます。

しかし、塩水に対する魚類の適応範囲はさまざまです。幅広い塩分濃度に対応できる魚類を広塩性魚、特定の塩濃度環境下でないと生きられないものを狭塩性魚といいます。

ウナギ・鮭のような回遊魚は広塩性魚の代表であり、河口域など塩分濃度の変化が大きい汽水域に住む海水魚も広塩性を示すものが多いです。一部の広塩性魚は塩分を薄めた水に徐々に慣らすことで、淡水魚と同じ水槽で飼育することも可能です。

狭塩性の海水魚としては、マグロなど外洋性の魚類が多く該当します。

魚の好む環境

淡水魚がダメージを負わずに、長期間生きられる環境は塩分濃度が0・5％程度の水です。淡水魚の病気の治療に用いられる「塩水浴」の時に塩分濃度を0・5％とするのはそのためです。

一方、海水魚が生きられる環境は塩分濃度が海水と同じ3・5％程度でないといけません。海水魚の場合、寄生虫を落とすために「淡水浴」を施すことがありますが、それも5～8分が限度です。また、淡水と海水ではpHが大きく異なるため、pH調整剤を使う必要があります。

汽水域とは河口などに見られる「海水と淡水が一日の中でも入れ替わるエリア」のことを指します。こういった場所で生活する魚たちは、広塩性魚で、海水でも淡水でも上手に体内の塩分濃度、水分量を調節する仕組みを持っていますので、海水でも淡水でも生きていくことができます。

SECTION 33

水温と生物の関係

魚類は水中に住みます。水は0℃以下で固体の氷、100℃以上で気体の水蒸気になります。してみると魚類は0℃以下の水中には住めないはずです。しかし現実には南極海、北極海のいわゆる極海に住む魚の中にはマイナス2℃という低温に耐えている魚がいます。また、反対に30℃を超える温水でも元気に泳いでいる魚もいます。なぜでしょう?

低温に強い魚

極海に住む魚の種類は限られています。南極に生息する魚の90%はノトセニア科の種類、つまりこの辺りに棲む総個体数の90%をノトセニア科が占めています。また北極地方に生息する海水魚はクサウオ科・タラ科・カジカ科などです。

真水は0℃で氷になり、海水はマイナス1・8℃で氷になります。それは、海水は3・5％ほどの塩分を含んでおり、先に見たようにそれによる凝固点降下によって融点が下がっているからです。

一方、魚が凍る水温はマイナス0・8℃です。ところが南極・北極の海に住む魚はマイナス2℃近くの低温でも凍らずに生きています。極海に住む魚たちが凍らないのは体内に氷ができない機能が備わっているからです。

低温に耐える機構

それは過冷却状態です。過冷却状態とは、凍るべき温度以下でも凍らないでいる状態を指します。つまり、本来は凍る温度に達しても、そのままの状態を維持することができるのです。それは体液に特殊な物質が含まれているからです。

その1つが糖タンパクグリセロールです。極海以外の海の魚では、体内の糖タンパクは肝臓から排泄されます。しかし、極海に住む魚は肝臓に糖タンパクを排泄する役目をする糸球体という組織がありません。そのため、体内に糖タンパクを残すことができ、凍らないのです。

もう1つは、凍結を防ぐ機能を持つ特殊なタンパク質(凍結抑制タンパク質)を持っていることです。このタンパク質は、氷の表面に吸着することで氷結晶の成長を抑制し、魚の凍結を防ぐと考えられています。しかし、実際に氷の結晶成長をどのように制御しているのかは、未だ多くの謎が残されています。近年、このタンパク質の持つ機能が医療や食品の分野での活用が期待されるようになり、解明が待望されています。

高温に強い魚

熱帯魚は高温に強いと思われがちです。高温に強い熱帯魚を5種類上げると次のようになります。

①ガラ・ルファ(ドクターフィッシュ)……37℃
②アロワナ……35℃
③アーリー(アフリカンシクリッド)……35℃
④ディスカス……32℃

⑤セルフィンプレコ……32℃

最も強いガラ・ルファは37℃という人間の体温以上の温度に耐えます。しかし、熱帯魚に最適な水温は25～26℃といわれています。

30℃を超えると多くの熱帯魚は命の危険があります。また、水草類も高温には弱く、枯れてしまうこともあります。

なぜ高温が危険なのかというと、水温が上がると水中の酸素量が減少してしまい、魚が必要とする酸素の量を確保できなくなってしまうからです。特にエビ類などは必要とする酸素量が多いため、水温の高さにはとても敏感です。

●ガラ・ルファ（ドクターフィッシュ）

水圧と生物

水圧とは、水の重による圧力のことです。地上の圧力は1気圧ですが、水中の場合は、上だけでなく、周囲から押される圧力がかかるので、10ｍ深くなるごとに1気圧ずつ増えます。つまり、深海とされる水深200ｍの地点では、20気圧になり、1平方センチメートルあたり約20kgの圧力がかかることになります。

深海魚

そのような水圧のかかる環境の中で、深海魚が生きていけるのは、海水と体内の圧力が同じになっているからです。

気体は圧力に大きく影響を受けます。気体の体積は圧力に反比例します。つまり、圧力が2倍になれば体積は2分の1になります。

メダカや金魚などは、浮袋の中の気体の体積を調節することで、泳ぐことができます。一方、深海魚は色々の方法で高圧から身を護ります。アンコウなどそもそも浮袋を持たない種類の魚が存在します。また、気圧による膨みの変化が小さい油で浮袋を満たすシーラカンスなどもいます。水圧から体を守るため、硬い甲羅で覆れているダイオウグソクムシなどの深海生物もいます。

浮袋がある深海魚を捕獲する際、海底から急に引き上げると、浮袋のガスが膨らんで、魚の目玉や内臓が飛び出ることもあります。このような場合、浮袋から注射器でガスを抜くことで、水族館で飼

●ダイオウグソクムシ

育できる状態で引き上げることができます。研究によると深海魚が生息できる深さの限界は約８４００ｍとされています。

深海魚の水圧対策

なぜ深海魚は水圧で潰れないのか？　それには深海魚が進化の歴史の中で獲得した６つの対策があります。それを見てみましょう。

❶浮き袋を持たない

浮き袋の中は圧力の影響を受ける空気が入っているので、浮き袋を無くしました。圧力変化に柔軟に対応するためには「浮き袋を無くす」という戦法は非常に有効です。

❷脂肪を蓄える

脂肪を蓄える対策は、浮き袋を持たない魚の多くが持っているものです。浮き袋を持たない魚は、浮力を調整するシステムを代わりに持つ必要があります。そのシステムが脂肪分を体に蓄えるというものです。バラムツのように筋肉の中に油を蓄える種類もいれば、サメ類のように肝臓に油を蓄えるという種類の深海魚もいます。

❸筋肉のほとんどを水分にする

水分が増えることで体がブヨブヨになり、圧力にも強くなります。水分が大量に含まれているコンニャクや豆腐を深海に沈めても、ほとんど形が変わることはありません。深海魚の中で体が寒天のようにブヨブヨな種類が多いのは、実は深海の圧力に適応した結果なのです。

❹硬い殻を持つ

水分をたくさん持って圧力を受け流すのではなく、圧力に真っ向から立ち向かう対策です。深海に住んでいるカニ類やエビ類はこのような対策です。

❺タンパク質の配列を変化する

体のタンパク質を深海に適応したタンパク質にするために、タンパク質のアミノ酸配列を指定するＤＮＡの塩基配列を変えてしまった深海魚もいます。これは簡単に言うと、高い水圧に適応するために「筋肉を作るタンパク質をより強いものにした」ということです。すり身にも利用されることがある「ソコダラ類」の魚にみられる特徴で、とても根源的な圧力対策といえます。

❻圧力に対応した物質を持つ

オスモライトと呼ばれる圧力に対応するための物質によって、深い海での生存を可能にしました。オスモライトとは浸透圧調節物質で「体内の塩分量を調節する物質」のことです。この物質が、圧力でタンパク質が潰れてしまうことを防ぐことで、圧力に対応できることになります。

このオスモライトの1つである「ＴＭＡＯ（トリメチルアミンオキシド）」という物質が、深海魚の生息可能深度を決定しているのではないかという研究もあります。しかし、ＴＭＡＯは魚の生臭いニオイの主成分です。深海魚はＴＭＡＯの量が多いので、鮮度落ちが早く、すぐに生臭くなってしまうといわれます。

循環水と微生物

地球上のすべての生物は、その生存に水を必要としますので、水中には魚類、水棲植物など多くの生物が住んでいます。その中に微生物や細菌が含まれるのは当然であり、中には人間に害をなす有害細菌も含まれます。そのような有害細菌の中で最近、よくニュースに出るのがレジオネラ菌です。

●レジオネラ菌

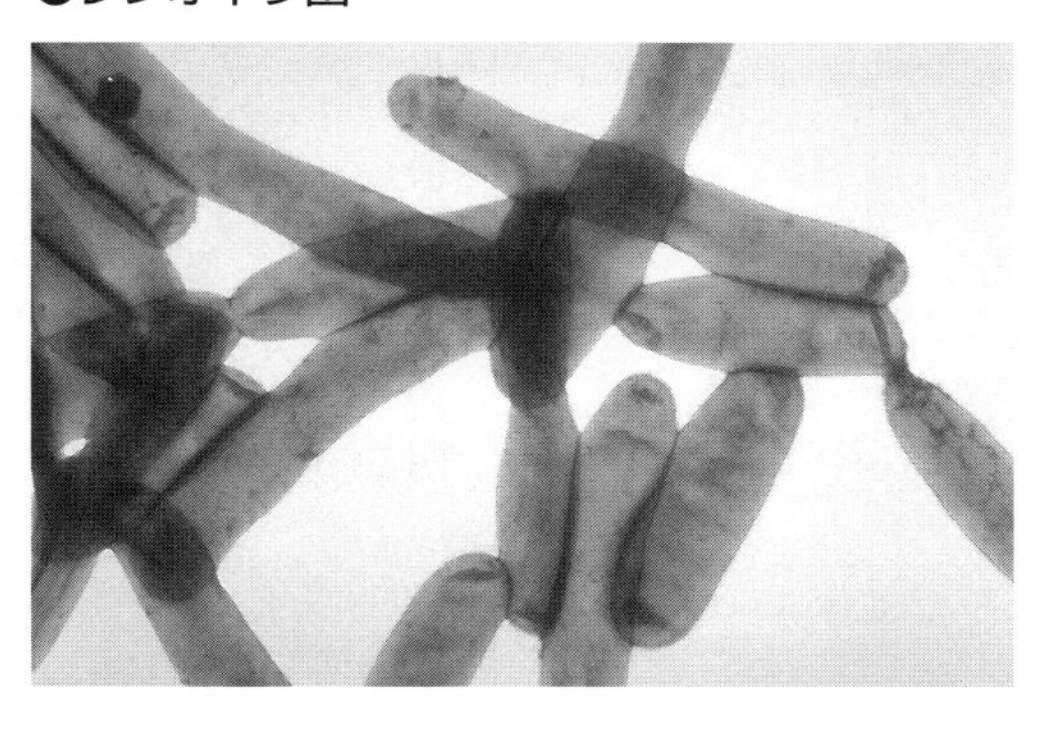

レジオネラ症

症例が、1976年にフィラデルフィアで開かれた在郷軍人会で最初に流行したことから「legionnaires' disease（在郷軍人病）」と命名され、その病原菌がレジオネラ菌と名づけられました。レジオネラ菌には多くの種類がありますが、レジオネラ症はどの種類のレジオネラ菌にでも引き起こされる肺炎の一種です。症状は咳、息切れ、高熱、筋肉の痛み、頭痛であり、吐き気、嘔吐、下痢に移行することもあります。これらの症状は感染から2〜10日後に現れます。

レジオネラ感染症は、１９７６年に初めて報告された新興感染症です。レジオネラ菌は自然の淡水に生息しており、温水タンク、温水浴槽、冷却塔、大型エアコンなどを汚染することがあります。感染は通常、菌を含んだ水の微粒子を呼吸することによって菌が肺胞に付着することによって起こります。また、汚染された水を誤嚥して肺に入れることによっても感染することがあります。一般的にヒトからヒトへは感染せず、菌に曝露しても必ずしも感染するとは限りません。

予防・治療

感染のリスク要因は高年齢、喫煙歴、慢性閉塞性肺疾患、低免疫機能があげられます。予防は水道システムの改善です。発症すると入院が必要となる場合が多く、感染者の約10％が死に至ります。世界的な発症数に関しては明確な情報はありませんが、肺炎が流行する地域での2～9％はレジオネラ症が原因と推計されています。米国では年間8000～1万8000件の入院件数が推計されます。レジオネラ症の集団的発症は稀ですが、常に感染する可能性はあります。季節としては夏と秋に多いです。

感染ルート

レジオネラ菌の病原性は低く、健康な人がただ風呂に入っただけでは感染しませんが、気道を介して吸入され、肺に存在するマクロファージ（肺胞マクロファージ）に感染することによって発病するといわれています。日本でも毎年数人がレジオネラにより死亡しています。

主に次の原因が考えられます。

①空調冷却水内で増殖した菌が冷却塔から飛散する
②入浴施設の水循環装置や浴槽表面で増殖した菌がシャワーなどで利用される
③浴槽の気泡装置で泡沫に含まれる

感染源

入浴設備、超音波加湿器、空調機器やダクトなどが感染源になったと報告されていますが、特に日本では入浴設備からの感染事例が多いです。

1996年、通産省から家庭用24時間風呂浴水のレジオネラの存在が確認されやすいとして、その製造元・発売元に衛生対策の要請がなされ、1997年にはレジオネラ対策24時間風呂が各社から発売されています。

しかし、それ以降も各地の温泉や共同入浴施設では、感染による死者が出ており、衛生管理の難しさを物語っています。レジオネラ菌は濾過循環装置の濾材では処理できないため、循環式浴槽を持つ共同入浴施設では、次の2点が指導されています。

① 塩素消毒を行い、また定期的に湯をおとし清掃すること

② 泡風呂にせず、湯面より高い位置にある注ぎ口ではなく浴槽内から循環させること

このような注意事項は家庭の循環式風呂でも注意するに越したことはありません。

Chapter. 7
水とエネルギー

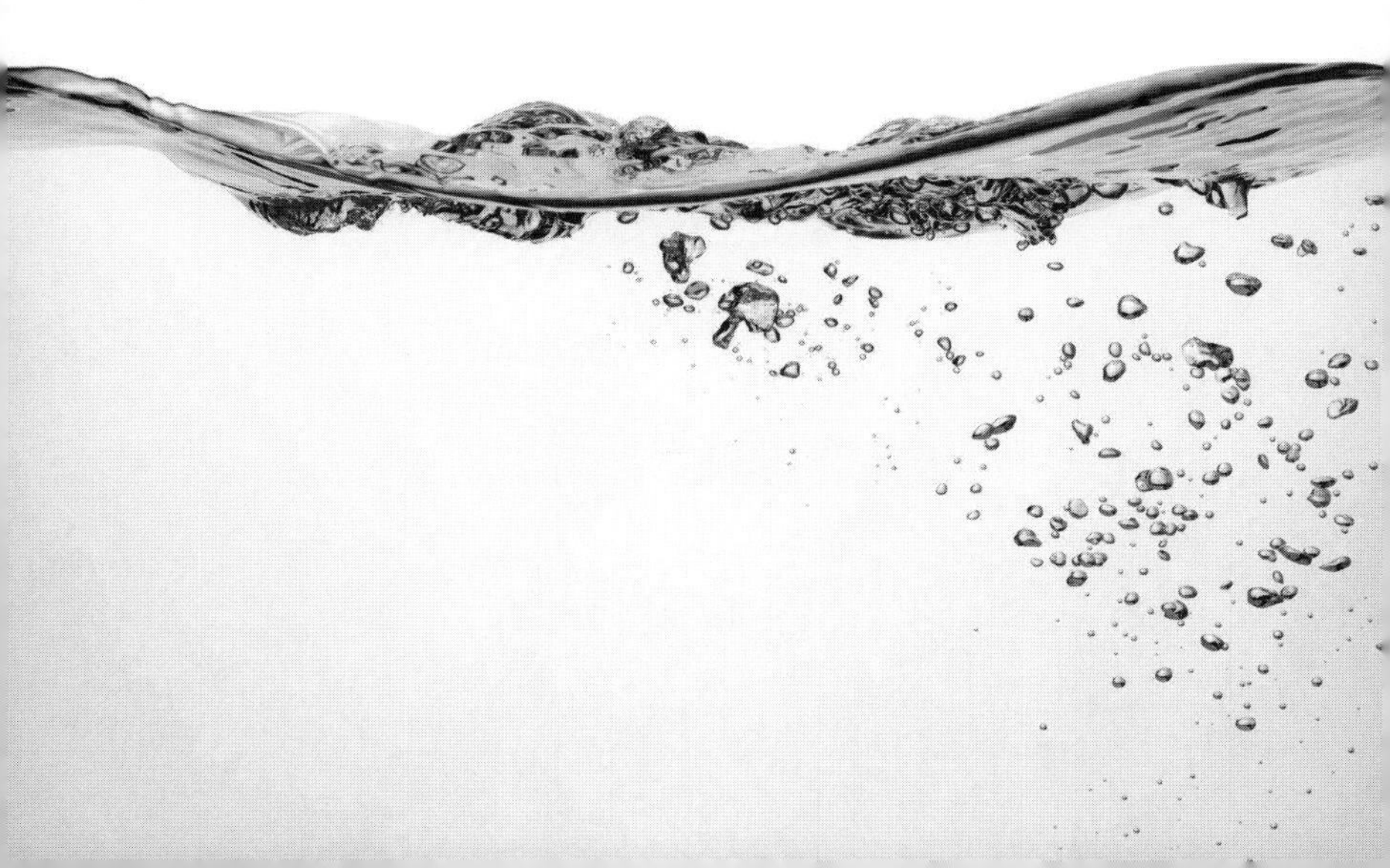

SECTION

36

水の運搬エネルギー

水はエネルギーの塊のようなものです。水力発電に用いれば電気エネルギーに変化しますし、火山の爆発力も多くの場合は水蒸気爆発によるものです。水のエネルギーのうち、見逃されやすいのが浮力です。浮力も「力」と着いていることからわかるようにエネルギーの一種です。浮力の大きさは際限なしです。大きな船さえ作れば何万トンでも何百万トンでも浮かせることができます。それを移動させれば巨大な運搬力となります。それが水運です。水運には洋上を航海する海運と内陸の川や運河を航海する舟運があります。

海運

海運は大量・長距離物流に欠かせないものであり、昔から地中海や北海、インド洋などで活発な活動が見られました。大航海時代を経験した後は、造船技術や航海技術が発達し、大陸間航行が行われるようになり、その存在は一段と重みを増しました。

第二次世界大戦以前は豪華な客船が数多く建造され、大陸間交通などの長距離の旅客輸送の主役でしたが、航空機の発達と共に旅客航路は衰退し、21世紀の現在は、近海や海峡あるいは島嶼間など短距離交通路としての連絡船・フェリー、および船旅そのものを楽しむクルーズ客船などに限られています。

しかし貨物輸送としては現代でも、国際間貿易の物流の主軸であり、近年は大型コンテナ船や石油を運ぶ巨大タンカー、あるいは天然ガスを冷却液化して運ぶ冷却タンカーなどに代表される船によって世界中の港が結ばれています。日本国内での海上貨物輸送は2005年度のデータでは全ての国内貨物輸送の輸送トンキロ換算で37%を占めました。これは58・7%を占めた自動車の7・3倍、4%の鉄道の約1・1倍でした。

●日本国内貨物輸送（2005年度）

	内航船	自動車	鉄道	航空機	合計
輸送トンキロ （100万トン・km）	211,576 （37.09%）	334,979 （58.72%）	22,813 （4.00%）	1,075 （0.19%）	570,443 （100%）
平均輸送距離 （km）	497	68	435	996	---

海運の特徴

海運は他の運輸手段に比べて次のような特徴を持ちます。

❶低コスト

重量・距離当りのコストが他の運輸手段に比べて格段に低く、大量・長距離の輸送に適します。また、重量物や体積の大きい貨物もあまり制限を受けずに輸送できます。

❷低速度

航空機、鉄道、自動車に比べ速度は低く、輸送時間では不利です。しかし、コンテナ輸送の拡大により荷役時間が短縮され、効率性は向上しています。

❸航路の制約

整備された港以外に貨物の積み下ろしが行えません。また、いくつかの海峡などの重要な戦略ポイントを通過することが多いため、シーレーンが安全保障や地政学上、ボトルネックとなっています。

舟運

舟運（しゅううん）は、川や運河において物資や旅客を運搬する輸送のことで、河川水運や内陸水運とも呼ばれます。

欧米では長くて広大な河川を利用した舟運業が、鉄道や自動車とともに内陸輸送手段として重要な役割を果たしています。欧米諸国は平坦な内陸部が多く、大河は流速が緩やかで河幅も水深も適度にあり、各国の都市が河川でつながっていることから、古来より重要なライフラインとして機能してきました。

❶ライン川

ライン川は主要国際河川の1つであり、スイスからドイツを通り、河口にあたるオランダまでが舟運に利用されています。2016年のライン川での貨物輸送量は、ヨーロッパの内陸水運の貨物輸送量全体の3分の2以上を占めています。

❷ドナウ川

ドナウ川は全長2860㎞のEU域内最大の河川でドイツ南部からルーマニアの黒海まで支流を含め19カ国を流れる国際河川です。しかし、ドナウ川は西ヨーロッパで最長の河川でありながら、2015年の欧州の内陸水運での輸送量シェアの10％以下にすぎません。

❸ミシシッピ川

ミシシッピ川はアメリカ、ミネソタ州からメキシコ湾に注ぐ全長3782㎞の北米を代表する河川です。2015年のミシシッピ川の輸送量は本流だけでアメリカの全内航輸送量の約35％を占めています。

●ミシシッピ川

日本の舟運

日本の河川舟運は、近代以前の商品流通に大きく貢献してきました。近代に入ると、殖産興業政策による産業の発展に伴い、運搬する物資が増加し、河川舟運は最盛期を迎えました。しかし明治中期以降、鉄道の開通や河川改修、陸上交通の発達、橋の役割の変化などに影響を受け、河川舟運は徐々に衰退していきましたが、昭和中期ごろまで、米や木材など重くて大きい物を運ぶためには、険しく細い山道を歩く陸上交通よりも、水運の方がはるかに速く容易であったことから、ほとんどの河川が物流の中心となっていました。淀川は京都と大阪を結ぶ交通の大動脈として機能しました。

明治に入って、鉄道網が整備されるようになると、川の交通は次第に衰退していきましたが、木材だけは昭和中期ごろまで「いかだ流し」と呼ばれる運搬方法によって川で運ばれていました。しかし、電源開発や利水確保のために川にダムが建設されるようになると、こうした木材運搬も廃れていったのでした。

今日では、交通の主役は陸上交通にとって代わったため、河川舟運はほぼ見られなくなりましたが、一部では、観光用の川下りや遊覧の船便が運行されています。

SECTION 37

水の機械エネルギー

水を動力源として機械を動かすというコンセプトは18世紀の産業革命期における蒸気機関に代表されますが、それ以前にも長い歴史があります。それは、観光用になってしまった観のある水車です。しかし、今でも活躍している水車もあります。

水車

水車は、水のエネルギーを機械エネルギーに変える機械です。人類が開発した最も古い原動機ということもでき、古代から世界中で利用されました。たとえば水をくみ上げる揚水、脱穀、製粉など農業分野で用いられる一方、鉱物の採掘用の機械動力にも使われました。日本でも平安時代にはすでに使われていたことがわかっています。

18世紀後半~19世紀前半に蒸気機関が普及していくにつれて、水車の数の増加に歯止めがかかり、さらに19世紀末ごろから20世紀冒頭ごろにかけてモーターが普及すると、水車の利用は急速に減っていきました。

しかし現在でも少数ながら、世界各地の水流が豊富な地域では現役の機械として利用されています。電力供給の無い場所でも動力を確保できる点が最大のメリットとなっています。

蒸気機関

ボイラーでお湯を沸かし、その蒸気の膨張力を利用して動力とする蒸気機関はイギリスのジェームズ・ワットによる発

●水車

明としてあまりに有名ですが、膨張力を利用した動力源の発明はワット以前にもいくつかあり、中には特許を取ったものもありました。実はワットの発明もこの特許に縛られていたとの話もあります。

蒸気機関の誕生以前の炭鉱では馬が動力として利用されていましたが、飼葉代が高騰した際に、炭鉱経営者が馬に代わる動力として安価に入手出来る石炭を利用できる蒸気機関に着目したことが蒸気機関の普及を促進させたとも言われています。

初期の蒸気機関ではボイラーの爆発事故が多く起きたといいますが、改良によって用途の広がった蒸気機関は、水力

●蒸気機関車

に頼らない工場の立地や交通機関への応用など、産業革命の原動力になりました。

日本の蒸気機関

日本では幕末の1853年にロシアのプチャーチンが来航し、蒸気で走る模型を披露しています。同時代には佐賀藩が外国の文献を頼りに軌間130㎜の蒸気機関車や蒸気船の模型を製作したとの記録もあります。また、加賀藩でも蒸気機関車の模型を作った記録があります。

このように日本では実物よりも先に模型の方が完成したことにより、実物の導入以前に既に蒸気機関の原理や構造への理解が習得されていました。その後、明治維新を経て産業革命が起こり、蒸気機関は普及しますが、第二次世界大戦後はガソリンエンジンの普及と共に衰退しました。現在では一部の保存団体や愛好家によって保存、維持されています。

SECTION

38

水の電気エネルギー

現代人にとって水とダイレクトに関係するエネルギーといえば電力、水力発電ではないでしょうか。しかし、水を用いた発電には、いわゆる水力発電の他にもいくつかの方式があります。

水力発電

水力発電は川の上流の水を堰き止めてダムを作り、そこから流れ落ちる水の勢いを利用して発電機のタービンを回して発電するものです。つまり水の持つ位置エネルギーを利用した発電です。

水力発電には規模や方法によっていくつかの種類があります。主なものを見てみましょう。

❶ 自流式

川の水をそのまま発電所の水路に引き込んで発電するものです。施設は簡単ですが、大規模発電を行うには大きな川が必要です。

❷ 貯水式

川の途中にダムを作り、大量の水を貯め、その水の流れ落ちる勢いで発電機を回します。最もよく知られた方式です。

❸ 揚水式

貯蔵することが困難な電力を貯蔵するために考案された方式です。需要の少ない夜間の電力を利用して下部の水を上部に移動させ、電力需要の大きい昼にその水を落として発電します。

大規模発電

水力発電の特徴はなんといってもその巨大なダムにあります。日本の黒部ダムはもちろん、エジプトのアスワンハイダム、中国の山峡ダムなど、巨大ダム建設のための国家の威信を掛けた大工事が各国で行われました。

水力発電の問題は、このダム建設にあります。ダム建設は莫大な費用がかかる上に、環境に対して甚大な影響を与えます。ダムの上流では既存の村落が消滅し、下流では水量の変化によって生態系が根本から変化します。

図は各種発電法による発電量の変化です。ここ30年、水力発電の発電量は変化していません。しかし総発電量は2倍になっていま

●各エネルギーの発電量の推移

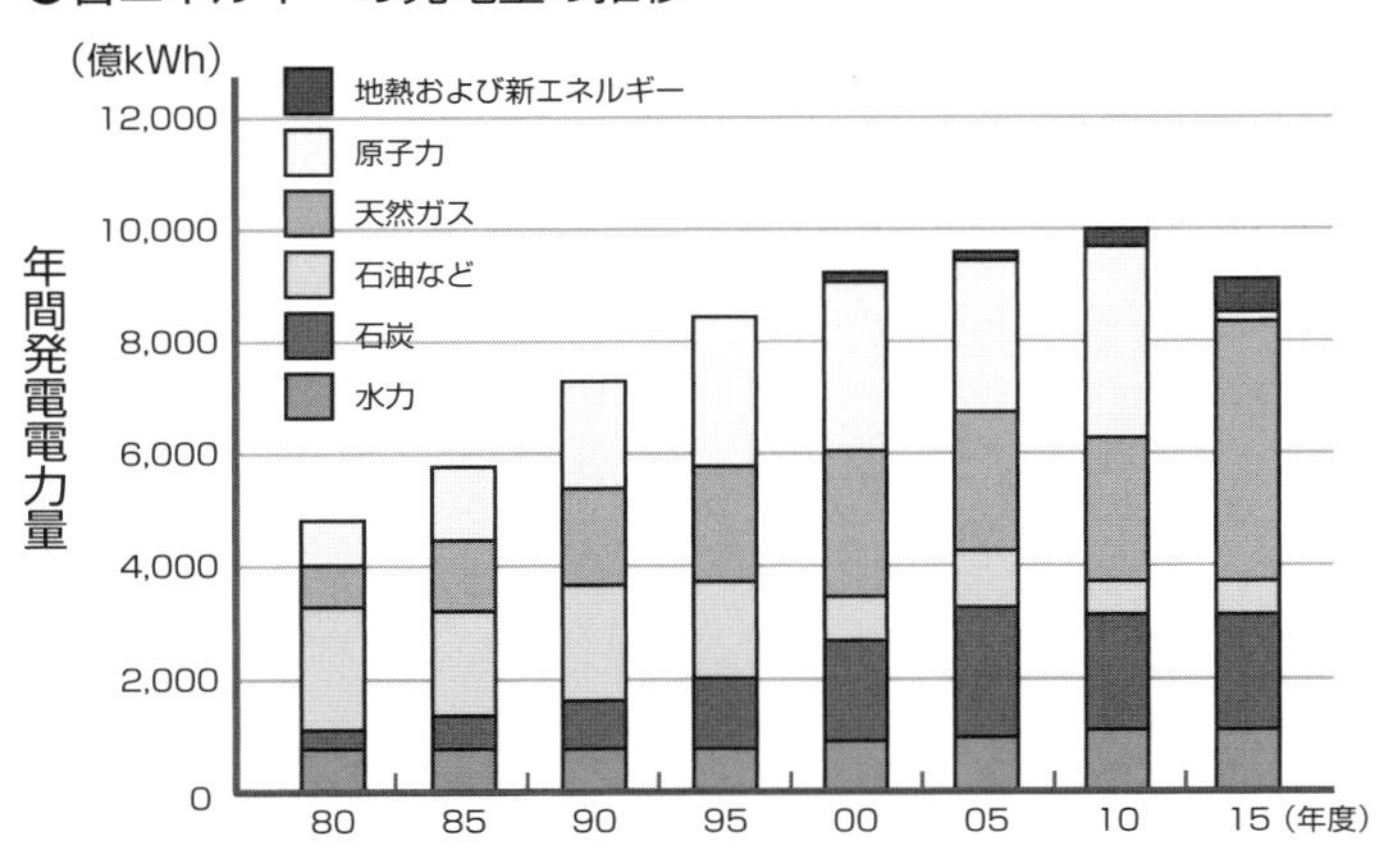

す。ということは、水力発電の占める割合は30年で半減したことを意味します。

潮汐発電

潮汐とは海の潮の満ち干のことです。このエネルギーを発電に利用するのが潮汐発電です。四方を海に囲まれた日本にとっては有効に活用したいエネルギーです。

❶ 潮汐現象

潮の干満は、地球と月の位置関係から起こる現象です。月が頭上に来た時には海水が頭上に引き寄せられ、海水面が高くなります。これが満潮です。反対に月が地球の裏側に行ったときには、月の引力が遮られるので海水は盛り上がり、満潮になります。月が自分から90度ずれた方向にいる時に潮が引いて干潮になります。

❷ 潮汐発電の原理

潮汐発電所の原理図を示しました。干満の差が大きな場所にある小型の湾では、満潮時には湾は海水で満たされて海面は上昇し、反対に干潮時では海水は無くなって海面は低下します。もし湾の入り口をダムで塞ぎ、満潮時に開いて海水を入れ、干潮時に閉じると、湾には大量の海水が閉じ込められ、海面は上昇したままになります。ここで水門を開くと、滞留した海水は一気に湾外に流れ出ようとし、水門に設置されたスクリューを回転して発電機を回転して発電することになります。

世界最初の潮汐発電所として知られるフランスのランス発電所（出力24万kW）や、ノルウェーのクバルスン発電所（70万kW）などが知られています。日本でも有明海では干満の差が6mもあります。潮汐発電に利用できそうですが、ここはただでさえ漁業者と農業者の間で水管理が問題になっている所であり、ここに発電問題が加わったら収拾のつかないことになりかねません。

●潮汐発電の仕組み

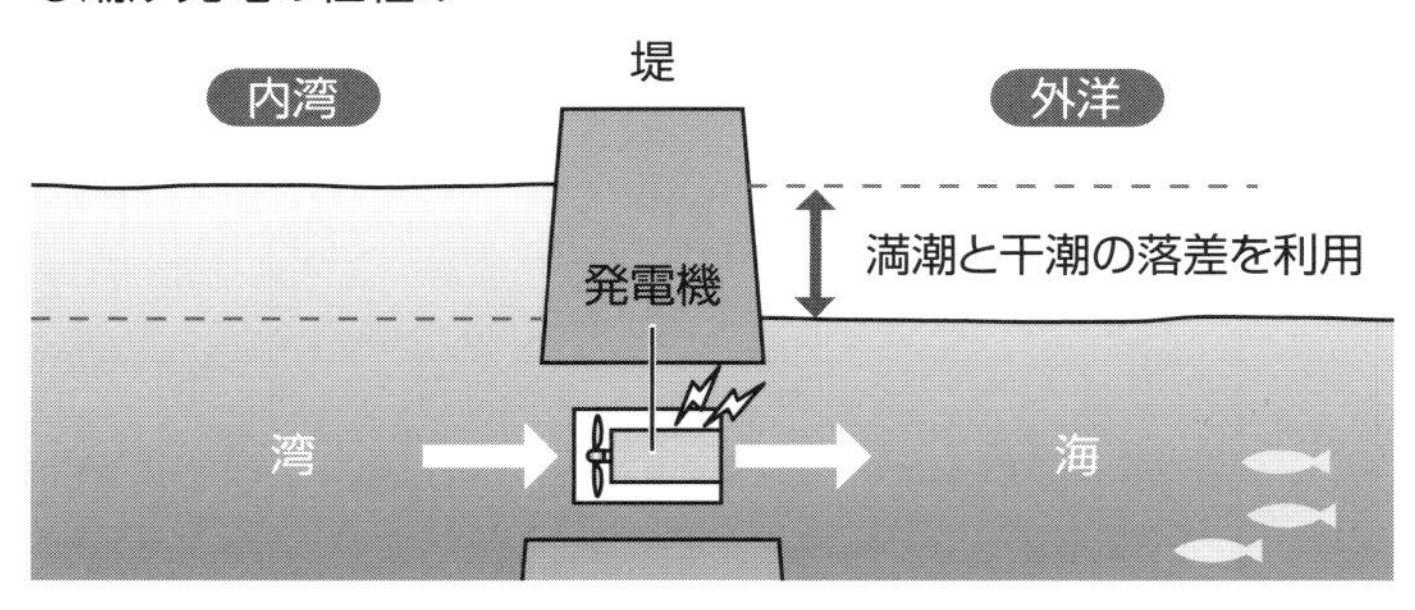

波力発電

海には波が立ちます。数十㎝の高さにしろ、海水が上下しているのです。しかも、休むことがありません。このエネルギーを積算したら、大変なエネルギーになるはずです。

図は波力発電の例の模式図です。原理は風力発電のようなものです。すなわち、適当な円筒内で波が上下すれば、それによって円筒内の空気が円筒を出入りし、「風」が起こることになります。この風を利用して発電機のタービンを回し、発電する仕組みです。

●波力発電の仕組み

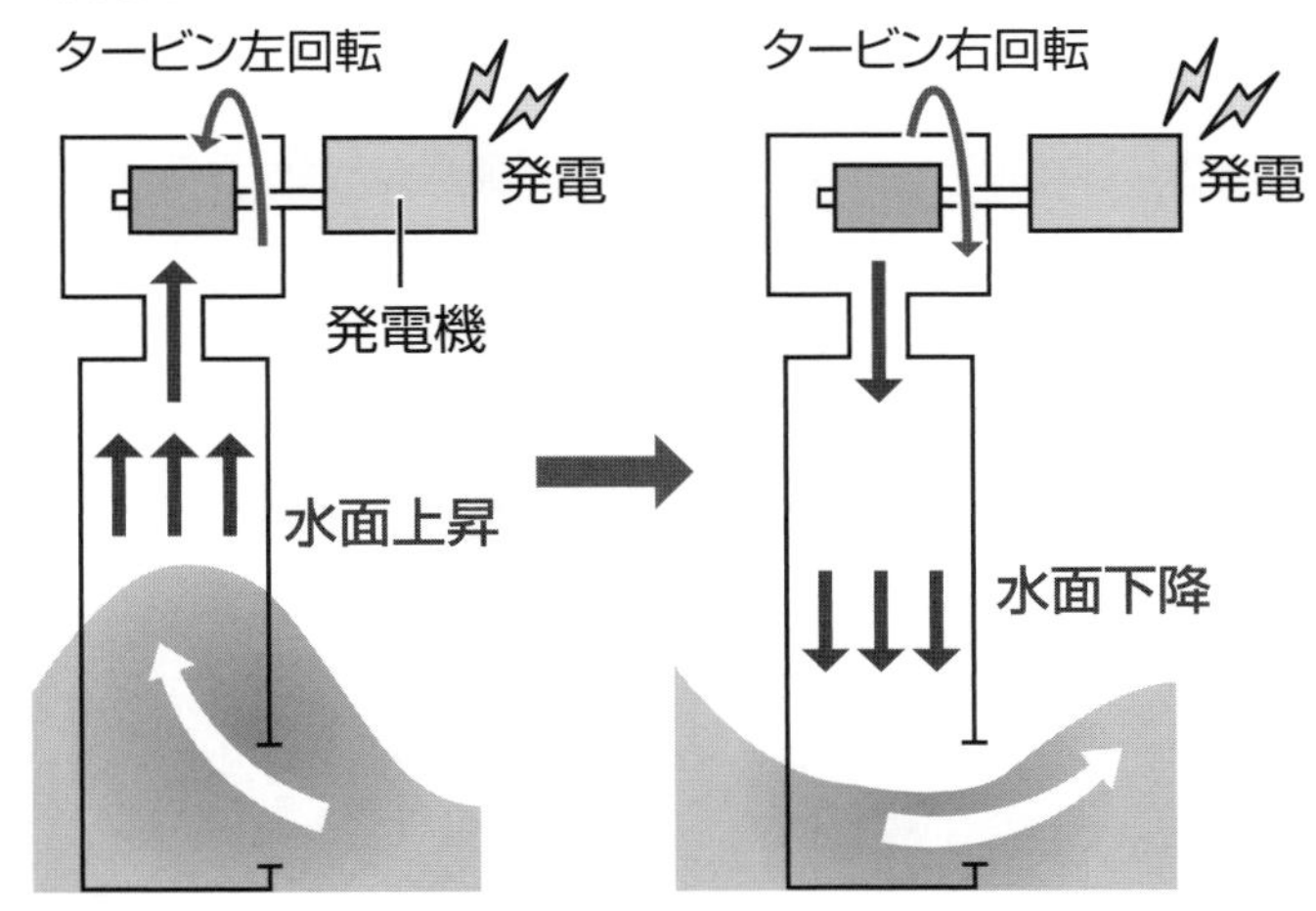

海洋温度差発電

先に見たように海洋は垂直方向にも循環しています。その結果、海水温は深度によって変化し、赤道近くの水面で26℃、水深500mでは7℃、つまり20℃ほどの開きがあります。この温度差を利用して発電しようというのが海洋温度差発電です。

●海洋温度差発電の仕組み

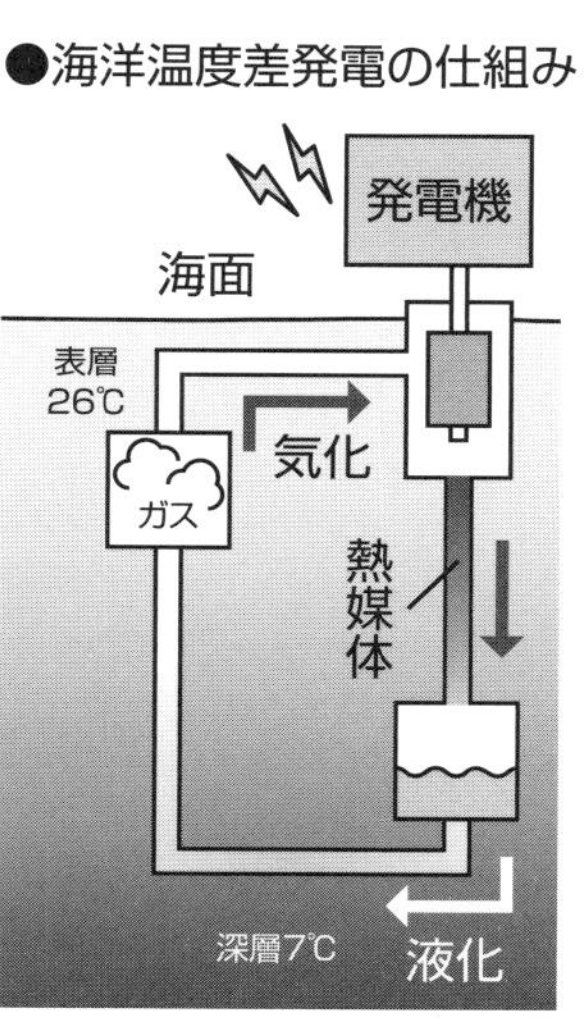

装置の模式図は図に示した通りです。すなわち沸点20℃程度の適当な溶媒をポンプで海底に送って冷却します。それを海面に戻すと、海面の高温(26℃)で溶媒は気化して気体となります。この際の体積膨張を利用して発電機を回すのです。水蒸気の圧力で発電機を回すのと同じことです。

仕事を終えた気体状態の溶媒は再びポンプで海底に送られて冷やされて液体となります。

SECTION

地下熱水の電気エネルギー

日本は温泉の宝庫です。日本には温泉地といわれる場所が3000カ所以上あり、温水が噴き出す源泉は2万7000カ所以上あるといわれます。温水の温度は室温程度のものから熱湯までいろいろありますが、先に見た海洋温度差発電では温度差20℃でも発電できるようです。ということは、日本には発電可能な温水の吹き出す場所が2万7000カ所もあることになります。この温水エネルギーを利用しない手はありません。

地球の温度分布

小説ではよく「冷たい大地」といわれますが、もしかしたらこれは昔流行ったロシア小説の影響ではないでしょうか？　真夏の東京の大地など、「焼け付く大地」といいたくなります。ロシアにしても大地が冷たいのは表層だけで、数百ｍも掘ったら暖かくなり、2000ｍも掘ったら熱くなるのではないでしょうか?

地球は厚さ30㎞の地殻の下はマントル層であり、溶岩の世界です。地球の中心部は6000℃といわれ、これは太陽の表面温度に近い温度です。地球がこのように熱いのは、地球が誕生した当時の溶岩地球の熱が残っているからではありません。そのような熱は遠の昔に宇宙のかなたにすっ飛んでいます。

地球が熱いのは現在の地球が熱を出しているからなのです。その熱は、地球内部では各種の放射性同位体が原子核崩壊を起こし、放射線とともに巨大な熱エネルギーを放出しているからなのです。地球はいわば巨大な原子炉なのです。温泉から噴き出すお湯はこの原子炉によって温められた地下水なのです。

地熱発電

この地殻表面の低温(常温)と地殻深部の高温という温度差を用いて発電しようというのが地熱発電です。

現在一般的に行われている地熱発電の方式は、井戸を掘って地下から天然の高温水蒸気を採集し、それで発電機を回した後、冷却された水（水蒸気）は排水として環境に流し出すか、ポンプで地中に戻すというものです。

この地熱発電の技術でトップを行っているのが日本です。そのため、日本は世界各地で地熱発電装置を設置し、外貨獲得に一役買っています。ところが、それでは日本では地熱発電が盛んか？と言われるとそれほどでもないのが残念なところです。現在の日本の地熱発電による総発電量は53万kWと原子力発電所1基の半分程度であり、世界第8位に過ぎません。

その原因の1つは、地熱発電を行うのに有利な源泉の多くが既に温泉として利用されたり、国立公園などに指定されているからです。国立公園では草木一本採

●日本の主な地熱発電所

順位	都市	発電会社	発電所	容量（kW）
北海道	森町	北海道電力	森発電所	50,000
岩手県	雫石町	東北電力	葛根田地熱発電所	80,000
秋田県	鹿角市	東北電力	澄川地熱発電所	50,000
福島県	柳津町	東北電力	柳津西山地熱発電所	65,000
大分県	九重町	九州電力	八丁原発電所	112,000

集するにも許可が必要です。まして国立公園内に恒久の発電施設を建設するなど考えられないことというのが現状です。

超臨界水発電

水の沸点は圧力の上昇とともに上昇し、2気圧では120℃ほどになり、218気圧という高圧では、374℃になります。ところが圧力がこれより高くなると、水は沸騰しなくなります。この圧力（218気圧）と温度（374℃）を臨界点といい、気圧、温度がこれ以上の状態を超臨界状態、その状態の水を超臨界水といいます。

超臨界水は、液体の水と気体の水蒸気の中間のような性質を持ち、液体の比重、気体の分子運動エネルギー、大きい溶解力、強い酸化能力など、普通の水とは違った性質を持ちます。

地表の下は地殻です。そのまた下はマントルです。そしてその中間には溶岩のマグマがあります。マグマの近傍にはマグマの熱（374℃以上）と地圧（218気圧以上）によって作られた超臨界水が存在します。

超臨界水発電というのは、この超臨界水を利用して発電しようという試みです。目下2050年頃の実現を目指して研究開発が進められています。この研究のためには地下3000〜5000メートルという大深度の井戸を掘る必要があり、もしかしてその井戸からマグマが噴出したら、それはすなわち火山噴火です。収拾の目途も目算もありません。マグマの近くの臨界水を直接利用するのではなく、マグマの近くまで井戸を掘り、そこに水を入れて間接的に加熱することによって超臨界水を得ようという方向で研究が進められています。

●超臨界水発電

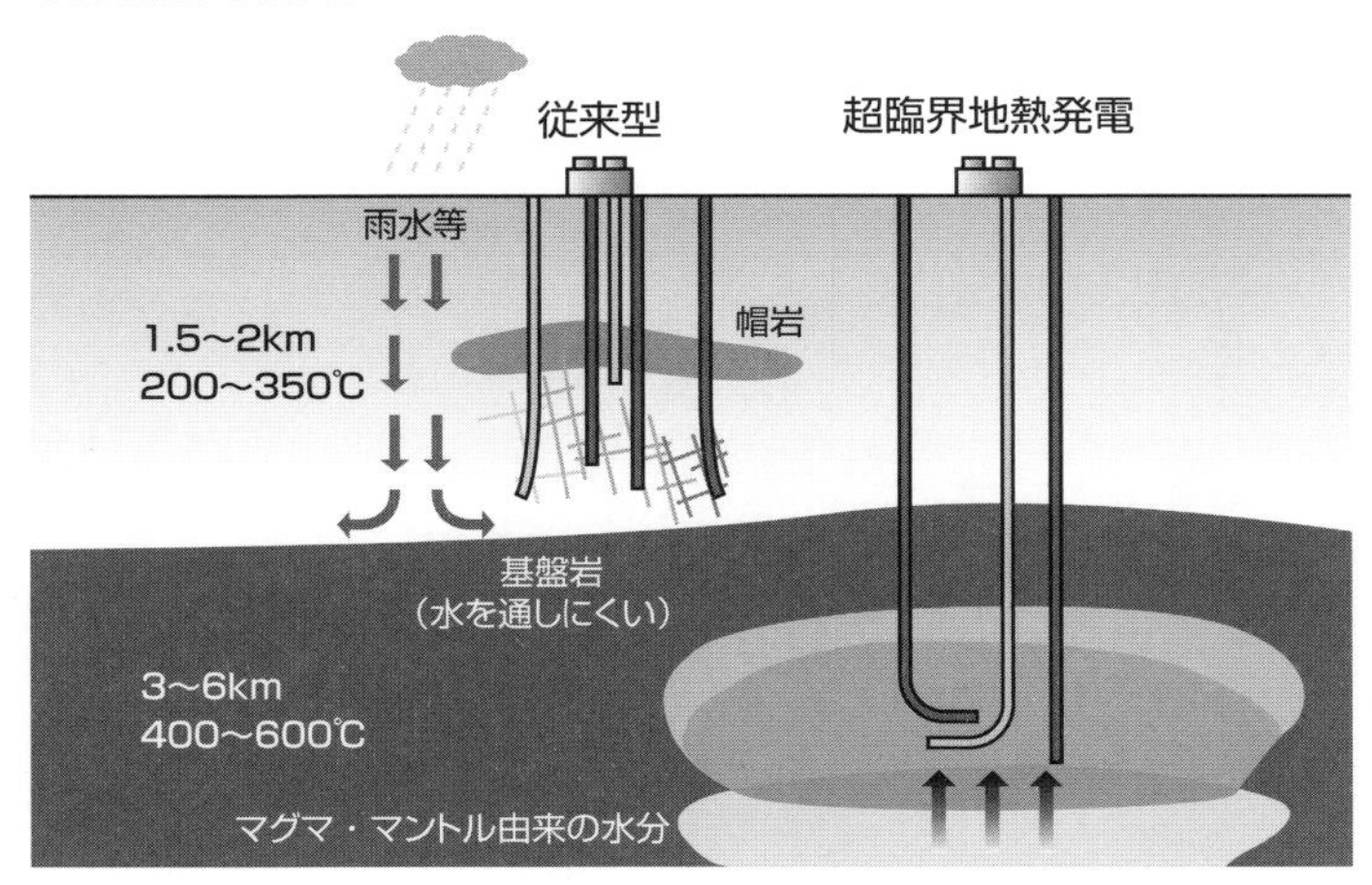

SECTION

雪氷の電気エネルギー

豪雪地帯に住む人たちにとって、背の高さより高く積もった雪は困りものです。しかし最近は、この雪や氷の冷たさをエネルギー源として考えようとの研究が進んでいます。

冷たい雪氷に雪氷熱というのは変に聞こえるかもしれませんが熱をエネルギーと置き換えて雪氷エネルギーといえば納得できるのではないでしょうか？

雪氷エネルギーの利用

雪の多い地方では、野菜などの農産物を雪に埋めて天然の保存庫として利用してきました。雪は適度な湿度を保っているため、乾燥しがちな冷蔵庫と違って野菜の冷却保存に最適です。また、冬の間に雪を氷室に集め、圧縮して保存すると春には硬く固まり、切り出したものはその後、夏まで天然の冷却材として利用することができます。

江戸時代には加賀藩(現在の金沢市)がこのようにして保存した雪を真夏に江戸の将軍家に献上するのが習わしだったといいます。もらう方は良かったでしょうが、あげる方は暑い中を金沢から東京まで雪を大八車(だいはちぐるま)で運ぶのです。出発した時の量の何分の一が雪のまま到着したことか「なんと無駄なことを」などと言ったら「無礼者そこに直れ!」などと言われたのでしょう。

●氷室小屋

最近、雪氷エネルギーをもっと広い用途に用いようとの試みが行われています。その多くは雪氷を夏の冷房に用い、冷房のための電力を削減しようというものです。これは雪氷を電気エネルギーに置き換えているわけであり、雪氷を利用した発電と見ることも可能です。一般に雪氷を使った冷房は空気中の塵、塩分などの不純物を吸収し

やすく、自然な冷却風を得ることができるといわれます。既にいくつかの方法が実用化されています。

❶冷水循環式雪冷房

強制的に雪を解かし、その冷水をポンプで強制循環させる冷房の仕組みです。

❷全空気循環式雪冷房

雪の貯蔵庫を作り、そこの冷気をファンで強制循環させる冷房の仕組みです。

❸自然対流式(氷室方式)

居室に接した部屋を氷室として雪を溜め、その冷気で冷房する仕組みです。

❹雪山冷水循環式

雪山から融け出る融雪水で冷却対象を直接冷却する仕組みです。

Chapter. 8
不思議な水

SECTION

41 超臨界水の不思議

超臨界水は本書でも既に何回か紹介しましたが、液体の水と水蒸気の性質を併せ持った不思議な水です。超臨界水は、ただ不思議なだけでなく、研究面でも工業面でも非常に有用な水であることがわかってきています。ここで超臨界水のことをまとめて見ておきましょう。

超臨界水の性質

超臨界水は温度374℃以上、圧力218気圧という臨界点以上の高温・高圧の条件下でのみ現われる特殊な状態の水です。

超臨界水の密度は室温の液体水(1g/㎤)の0.03～0.4倍程度であり、100℃、1気圧の水蒸気に比べて数十～数百倍大きくなっています。粘性率は気体並みに低く、気体分子と同程度の大きな運動エネルギーを持つ活動的な流体です。

超臨界水は酸化力が極めて高いため、耐食性と耐熱性に優れていて腐食しにくいといわれているハステロイ(ニッケルNiを主成分とした合金)、貴金属の白金、イリジウム合金、さらに金やタンタルまでをも腐食することができます。安定な物質であるセルロースやダイオキシン、PCBも超臨界水中では分解されます。

超臨界水は温度、圧力を制御することにより密度や溶解度等のマクロな物性から、流体分子の溶媒和構造等のミクロな物性・構造までをも連続的かつ大幅に制御することができます。

ただし、高温高圧の条件が必用なため、装置は高圧ガス保安法の適用を受けます。また、溶解性や反応性が高いため、容器やシールの材質にも配慮が必要です。このような理由から、超臨界水関係の装置はあまり大型にできないという制限もあります。

超臨界水の利用

超臨界水は溶解力が強いだけでなく誘電率が低いため、有機物をも溶かすことができるので、有機化学反応の溶媒として使うことができます。そのため、従来の重金属や強酸などの触媒を使ったプロセス、あるいは可燃性・毒性のある溶媒を使ったプロセスを超臨界水を用いたプロセスに置き換えることができます。このようなことで、環境に対する影響を減少することができるので環境に優しいということもできます。

１９７０年代にカネミ油症事件の原因物質として社会問題にまでなったＰＣＢは、回収はされましたが当時の科学技術では分解不可能といわれ、長い間保管され続けてきましたが、ようやく超臨界水技術の開発で分解することができるようになりました。

火力発電では、作動流体である水蒸気の圧力及び温度は、高ければ高いほど熱効率が高くなります。このため、ボイラーでは発生する蒸気の圧力・温度

●PCB

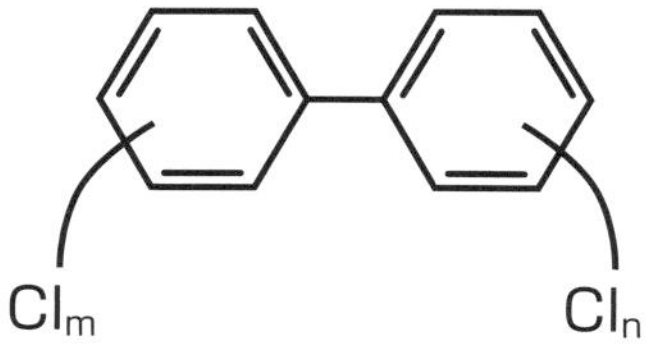

Cl_m Cl_n

$1 \geqq m+n \leqq 10$

を水の臨界点以上に高めた超臨界流体が使われています。

現在、第二世代バイオ燃料の製造工程ではセルロースを原料としてバイオエタノールを作ることが検討されています。そのためにはセルロースを効率よくグルコースに分解することが必要ですが、ここでも超臨界水の使用が研究されています。

バイオマスを超臨界水を用いて資源化する技術の開発・実用化は、日本が最も進んでいるといってよいでしょう。

SECTION

42 結晶水の不思議

彫刻の複製などに使われる石膏(せっこう)（硫酸カルシウム$CaSO_4$）は、画材屋さんから買ってくるときは$CaSO_4 \cdot 1/2H_2O$で半水石膏あるいは焼石膏(しょうせっこう)と呼ばれる粉末ですが、水で溶いて型に入れて固めると水和して二水石膏$CaSO_4 \cdot 2H_2O$になります。そしてこれらはどれも加熱すると水を失って無水石膏$CaSO_4$となります。

このように分子式の後ろに「・」を挟んで書かれたH_2Oは、結晶の中に入り込んだ水を表す記号で、一般に結晶水といわれます。

水または水分を含んだ溶媒から結晶化を行うと、多くの化合物は結晶格子の中に水を取り込みます。分子によっては、水が存在しないと結晶化しないというものもあります。

結晶水の結合状態

結晶水が、結晶中の他の原子やイオンと何らかの結合、もしくは相互作用をしていることは明らかであり、そうでなければ結晶格子に取り込まれることはないはずです。

塩化ニッケル(Ⅱ)六水和物は化学式$NiCl_2(H_2O)_6$で表されますが、その結晶構造は$[NiCl_2(H_2O)_4]$サブユニットと、独立して存在する2分子の水からなることが明らかにされています。すなわち、この分子が持っている6個の水分子は全て同じ分子を構成しているのではなく、6個の水分子のうち4個は中心イオンのNi^{2+}と直接結合してサブユニットを作っていますが、残りの2個はNi^{2+}とは結合しないで結晶格子中に潜り込んだ結晶水ということになります。

無機化合物と比べ、タンパク質は多くの水を結晶格子中に取り込むことが知られています。50%の水が含まれることも珍しくありません。結晶中でこれだけ多くの水分子に囲まれたタンパク質のコンフォメーション(立体配座)は、結晶と溶液とで大きな違いは無いものと考えられています。すなわち、すし詰めのような窮屈な姿でいるのではなく、溶液状態のようにノビノビとした自由な姿でいるものと思われます。

結晶水の影響

結晶水を持つ塩を水和物といいます。結晶水と塩の間には水素結合が存在することによって高次構造が形成されるため、水和物の構造は非常に複雑になります。結晶水を持つ結晶も、溶かして溶液にすれば、結晶水は分子から離れてしまうので、多くの塩では水の結合様式は重要ではありません。

一方で、水和の量が化学的性質に大きな影響を及ぼすこともあります。例えば無水の塩化ロジウム$RhCl_3$はほとんど水に溶けず、有機金属化学では役に立ちませんが、水和した$RhCl_3 \cdot 3H_2O$は水に溶けやすく、多様な用途を持ちます。

結晶水は静電引力によって安定化されるため、+2価や+3価のカチオンや-2価のアニオンの中には多くの結晶水を含む塩も見られます。例えば芒硝(硫酸ナトリウム十水和物)$Na_2SO_4 \cdot 10H_2O$は重さの50%以上が水の重さです。

ある種の無水物は水を吸収してたやすく水和を受けます。この性質は吸湿性と呼ばれ、乾燥剤あるいは吸湿剤として利用されます。塩化カルシウム$CaCl_2$や無水硫酸ナトリウムNa_2SO_4などは一般的な乾燥剤として利用されます。

一次元水の不思議

液体の水は多くの分子が集合して集合体、クラスターを作っています。クラスターの中で最も整然としたものは水の結晶、つまり氷です。これは三次元に渡った構造体であり、ダイヤモンドと同じように正四面体構造が連続した整然とした構造です。その意味で氷は三次元水ということができます。液体の水も氷ほど規則性はありませんが三次元に渡る構造体であり、その意味で三次元水です。

それでは、二次元に整列した水、一次元水があったとしたらそれはどのようなものになる

●水の集合体

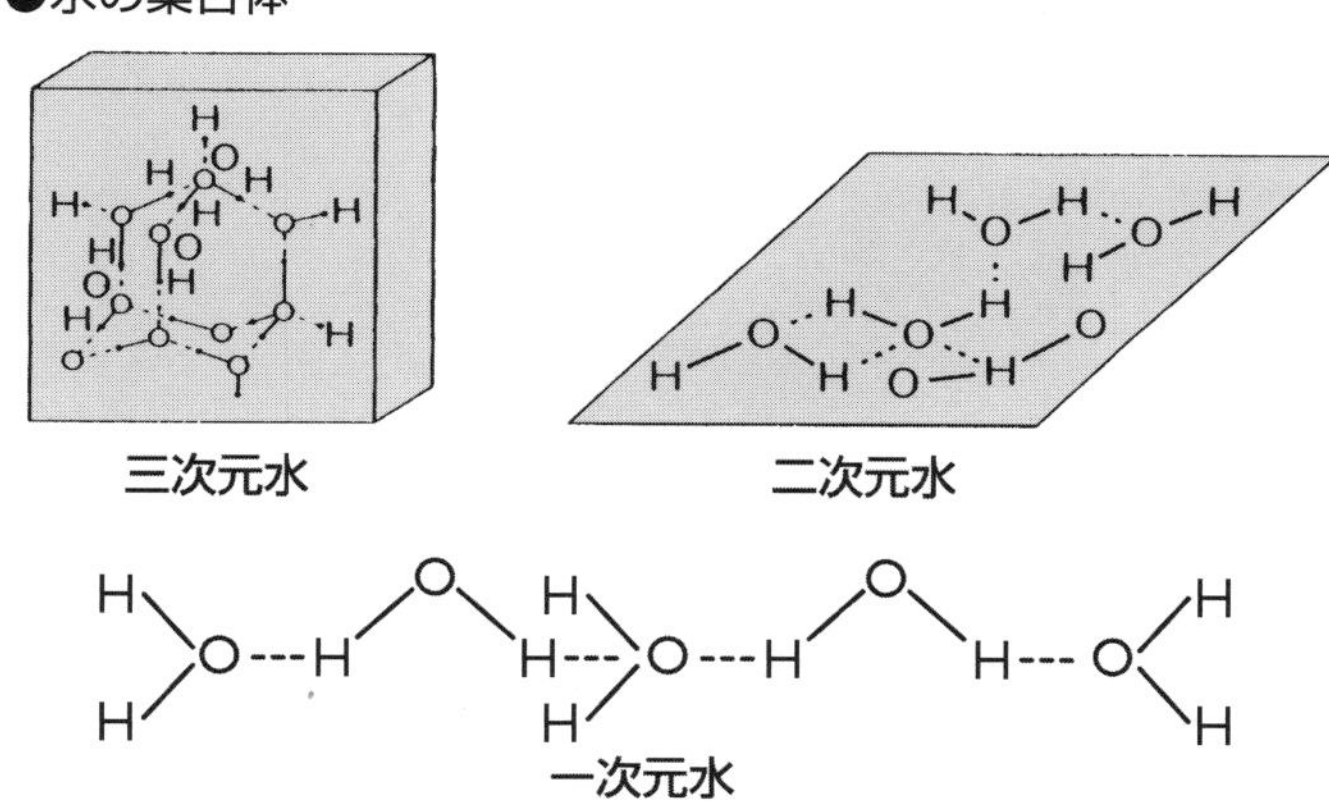

のでしょうか？　ハンカチのように平面状に集合した構造であろうと推定はできますが、実際に発見された例も無ければ作成された例もありません。もちろん、その性質や反応性は推定もできません。

一次元水誕生

二次元水が存在しないのですから、一次元水が存在しないのは当然です。ところが一次元水は実際に存在するのです。私自身が作ったのですから間違いありません。

私は超分子を研究しています。超分子というのは、何種類かの比較的簡単な構造の分子が何個か集まって分子間力によって結合し、より高次な構造体になったもののことをいいます。酵素やＤＮＡなどが典型であり、生体中に多くの例があります。

私はドーナツのような環状分子を合成しました。この分子は生成すると同時に自動的に、誰に命令されたわけでもないのに、自分で勝手に積み重なり、ホースのような非常に長い筒状の超分子になりました。私はこれを「超分子ホース」と名付けました。

超分子ホースの構造を確定するため、含水溶媒から結晶化させ、単結晶Ｘ線解析という分析法で構造解析をしました。その結果、驚くような結果が得られました。なんと、このチューブの中に水分子が入っていたのです。

チューブの内径が、丁度水分子1個分ほどの大きさだったので、この長いチューブの中に水分子が1個ずつ連なって入っていたのです。

つまり、このチューブの中には水分子が一列に並んだ一次元水が存在するのです。これは単結晶X線解析が示すことですので、決して夢でも幻でもない、厳然たる科学的事実です。

●超分子ホース

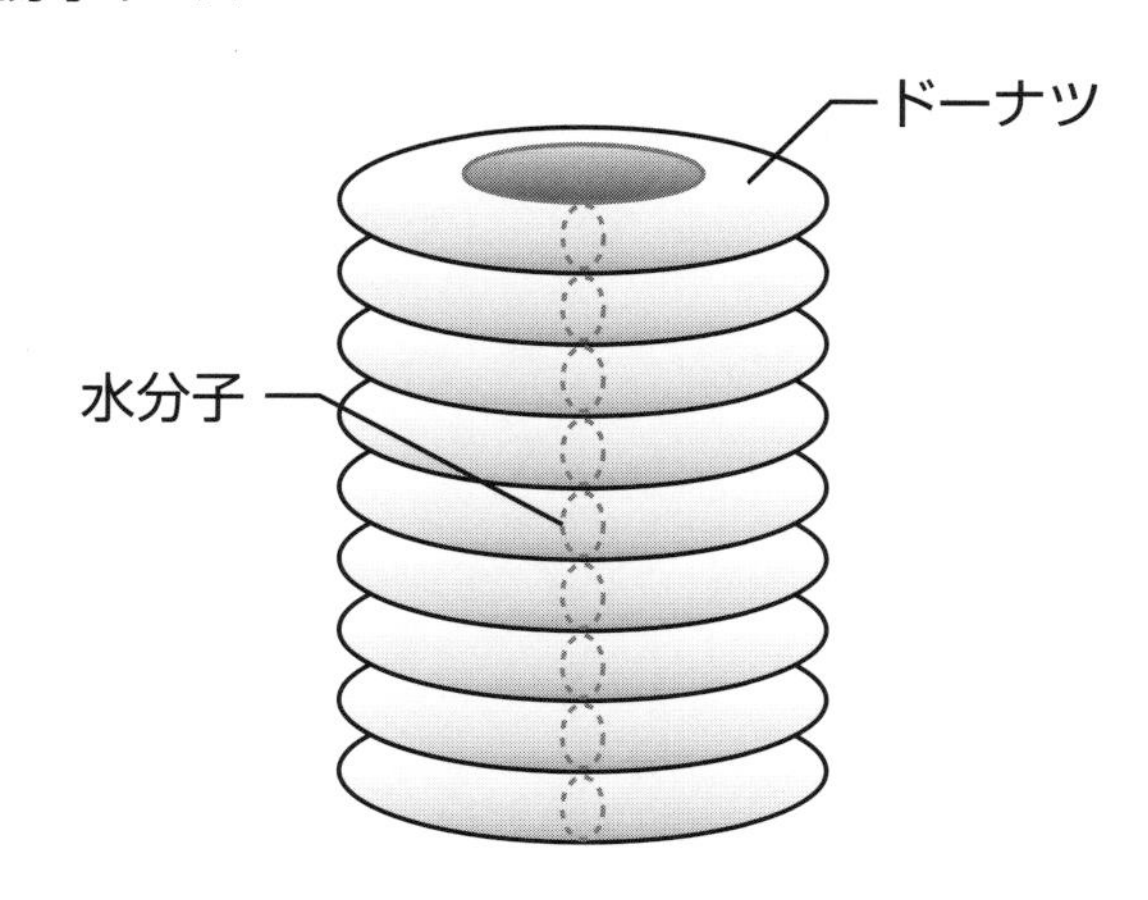

幻の一次元水

しかし、残念ながら決定的な問題があります。それは、この一次元水をホースの外に出すことができないということです。もし、外側のホースを分解して外したら、支えを失った一次元水は崩れて普通の三次元水になってしまうでしょう。ということで、目下、一次元水は「あることはわかるが手に取ることはできない」という、いわば「高嶺の花」状態にあります。もし誰か、実際に手にすることができたら、その時はノーベル賞をも同時に手にすることになるのではないでしょうか?

●ドーナツ状環状分子

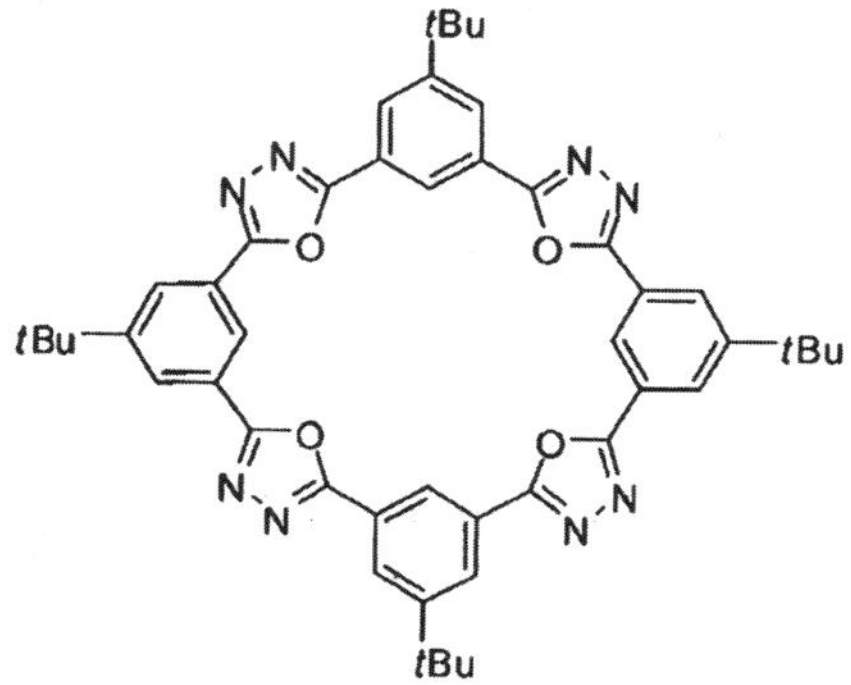

tBu
N-N
N-N
O
O
tBu
tBu
O
O
N-N
N-N
tBu

この一次元水を物質として実際に取り出すのは無理としても、理論解析で外側のチューブ部分のデータだけを分離消去して、内部の一次元水分子部分のデータだけを取り出すだけでも、研究価値としては超一級のものになるのではないでしょうか?

SECTION 44

機能水の不思議

水はただ一種、H_2Oだけだと思ったら間違いです。純粋な水である純水にだって氷、液体水、水蒸気、超臨界水の四種があります。何かが溶けた水溶液となったら、溶けている物質の種類によって無数の種類が可能になります。

水素水

水素水は、水素分子H_2のガスを溶解させた水であり、無色、無味、無臭です。水素は水に溶けますが、溶解度は極めて低いため、水素水は基本的には水と同じ性質を持つものと考えられます。

しかし、水素分子は非常に小さいため、容器の壁を潜り抜けて揮発してしまうので紙はもちろんプラスチックなどの容器中に留めておくことは難しく、市販の水素水は時間とともに溶存水素濃度が低下します。ペットボトル販売の飲料用の水素水の中には、溶存水素が検出できないものすらあるといいますから、買い置きはしない方がよいでしょう。容器は重いのは覚悟してガラス製のものを選ぶのが賢明です。

水素水の用途としては、半導体や液晶の洗浄があります。人間の健康に関する影響、効果については色々の説があるようですが、いずれも医学的に十分に検証された例は少ないようです。販売用の効用書きには健康保持増進効果等と受け取れるものがあるそうですが、これらは医薬品医療機器等法や健康増進法や景品表示法等に抵触する可能性があるということです。健康のために飲むのならば、自己責任ということになりそうです。

電解水

電解水は、水道水や食塩水などを電気分解することで得られる水溶液の総称です。マイナス極とプラス極の電極が設置されている電解槽に純水ではなく、水道水や井戸水などのようにイオン性物質(電解質)をたっぷり含んだ水を入れて電流を流すと電気分解されて、マイナス極側にはカルシウムイオンCa^{2+}やマグネシウムイオンMg^{2+}、カリウムイオンK^{+}、ナトリウムイオンNa^{+}などの陽イオンが引き寄せられてアルカリ性のｐＨ８～10のアルカリイオン水ができます。

一方プラス極側には、水酸化物イオンOH^{-}や塩化物イオンCl^{-}、硫酸イオンSO_4^{2-}、炭酸イオンCO_3^{2-}などの陰イオンが引き寄せられ、ｐＨ４～６の酸性イオン水ができます。アルカリイオン水は主に飲用に、酸性イオン水は洗浄・殺菌消毒用に用いられます。アルカリイオン水は、日常的に飲用すると、胃腸症状の改善効果があるといわれています。

一方、塩水を電気分解することによって得られる電解水は、次亜塩素酸と呼ばれる酸を含みますが、これには強力な殺菌効果があります。この効果は水道水の浄化に使われるカルキ（次亜塩素酸カルシウム）$Ca(ClO)_2$の効果と同じものです。これは、海水と電力があれば消毒・殺菌剤が不要なため、漁船や漁業施設の洗浄に使われて

●塩水の電気分解

$$2NaCl \xrightarrow{\text{電気分解}} 2Na + Cl_2$$

$$Cl_2 + H_2O \xrightarrow{\text{化学反応}} \underset{\text{次亜塩素酸}}{HClO} + HCl$$

ます。電解水は、装置から生成したものをその場で使用しなければなりません。有効塩素濃度の減少が速いため、保存可能期間は遮光密閉冷所保存で2週間程度といわれています。

海洋深層水

海洋深層水は単に深層水ともいわれますが、深度200メートル以深の深海に分布する海水とされます。

海洋深層水が一般的な表層水と違うのは、清浄で栄養塩が豊富ということです。陸水の影響を受けにくいため、産業排水などに含まれる人為的な化学物質による汚染がほとんどありません。また、太陽光が届かないため植物プランクトンなどが成育できないことに加え、低温であるため、有害な雑菌なども表層水の千分の一以下と少なくなっています。このため、深層水は表層水に比べて細菌学的にも化学的にもはるかに清浄と言えます。ただし、日本の衛生基準と比較すれば「汚れている」ため、飲料水とするためには濾過などの浄水処理が必須です。

SECTION 45

コンクリート水の不思議

コンクリートは「セメント、砂利、砂」を水で練った生コンクリート（生コン）といわれる泥状の物体を、型枠の中に入れて放置して固めたものです。

コンクリートを固める水

よく誤解されますが、コンクリートが固まるのは生コンクリートから水が蒸発して乾燥することによって固まるのではありません。それだったら元の「セメント、砂利、砂」の混合物に戻るだけです。

コンクリートが固まるのは、「焼石膏の粉」が水で練ると硬く固まって「固体の石膏」になるのと同様に、水がいわば結晶水のようになってセメント、砂利、砂を結びつけて固めているからです。ですから固まったコンクリートの中には生コンクリートを作る時に使った水がほぼそっくり残っています。ですから、コンクリートはいわば水がたっぷりな物体なのです。

セメントは石灰岩、粘土、珪石、酸化鉄などの原料を焼成、冷却した後、石膏を加えて粉砕して作ります。この焼成によって石灰岩(炭酸カルシウム$CaCO_3$)は二酸化炭素CO_2を放出して生石灰(酸化カルシウムCaO)になります。このためセメント産業は「二酸化炭素放出産業」などといわれることもあるのです。

コンクリートの水の量

生コンクリートは泥状の物体ですか

●コンクリートの壁

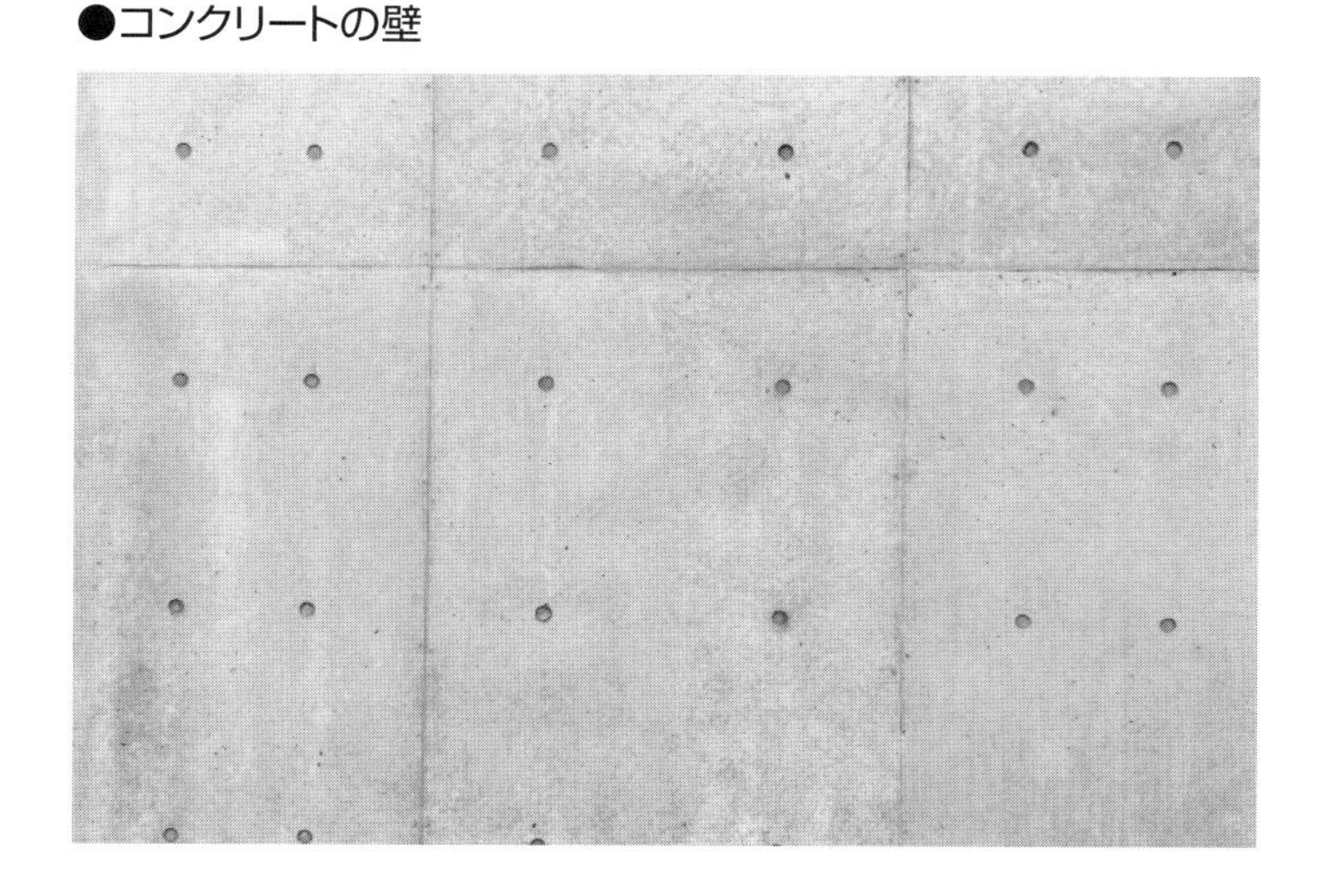

ら、型枠に流し込む時に、型枠の隅々まで生コンクリートが行き渡るようにしなければなりません。そのためには熟練した技術者が流し込むとか、バイブレーターで振動を加えるなどしなければなりません。

しかし、ただでさえ人手不足のなか、熟練工は少なくなり、しかも工期を迫られる中で手の込んだ仕事もしづらくなります。その結果は生コンクリートの水の量を増やして、いわばビシャビシャの水増し生コンクリートにするということです。そうすれば型枠の隅々にまで流れ込んでいくでしょう。

しかし、これでは水増しコンクリートです。コンクリートの質が落ち、強度が下がるという指摘が起き、現在では生コンクリートの中に界面活性剤を入れているのだそうです。するとコンクリートの流動性が上がり、少ない水で練った物でも型枠にスムースに流れ込むといいます。現代では、どのようなものにどのようなものが混じっているのか、想像もできないといって良いのかもしれません。

あ行

か行

さ行

ま行

や行

ら行

た行

な行

は行

■著者紹介

齋藤　勝裕（さいとう　かつひろ）

名古屋工業大学名誉教授、愛知学院大学客員教授。大学に入学以来50年、化学一筋できた超まじめ人間。専門は有機化学から物理化学にわたり、研究テーマは「有機不安定中間体」、「環状付加反応」、「有機光化学」、「有機金属化合物」、「有機電気化学」、「超分子化学」、「有機超伝導体」、「有機半導体」、「有機EL」、「有機色素増感太陽電池」と、気は多い。執筆暦はここ十数年と日は浅いが、出版点数は150冊以上と月刊誌状態である。量子化学から生命化学まで、化学の全領域にわたる。著書に、「SUPERサイエンス 大失敗から生まれたすごい科学」「SUPERサイエンス 知られざる温泉の秘密」「SUPERサイエンス 量子化学の世界」「SUPERサイエンス 日本刀の驚くべき技術」「SUPERサイエンス ニセ科学の栄光と挫折」「SUPERサイエンス セラミックス驚異の世界」「SUPERサイエンス 鮮度を保つ漁業の科学」「SUPERサイエンス 人類を脅かす新型コロナウイルス」「SUPERサイエンス 身近に潜む食卓の危険物」「SUPERサイエンス 人類を救う農業の科学」「SUPERサイエンス 貴金属の知られざる科学」「SUPERサイエンス 知られざる金属の不思議」「SUPERサイエンス レアメタル・レアアースの驚くべき能力」「SUPERサイエンス 世界を変える電池の科学」「SUPERサイエンス 意外と知らないお酒の科学」「SUPERサイエンス プラスチック知られざる世界」「SUPERサイエンス 人類が手に入れた地球のエネルギー」「SUPERサイエンス 分子集合体の科学」「SUPERサイエンス 分子マシン驚異の世界」「SUPERサイエンス 火災と消防の科学」「SUPERサイエンス 戦争と平和のテクノロジー」「SUPERサイエンス 「毒」と「薬」の不思議な関係」「SUPERサイエンス 身近に潜む危ない化学反応」「SUPERサイエンス 爆発の仕組みを化学する」「SUPERサイエンス 脳を惑わす薬物とくすり」「サイエンスミステリー 亜澄錬太郎の事件簿1　創られたデータ」「サイエンスミステリー 亜澄錬太郎の事件簿2　殺意の卒業旅行」「サイエンスミステリー 亜澄錬太郎の事件簿3　忘れ得ぬ想い」「サイエンスミステリー 亜澄錬太郎の事件簿4　美貌の行方」「サイエンスミステリー 亜澄錬太郎の事件簿5［新潟編］撤退の代償」「サイエンスミステリー 亜澄錬太郎の事件簿6［東海編］　捏造の連鎖」「サイエンスミステリー 亜澄錬太郎の事件簿7［東北編］ 呪縛の俳句」「サイエンスミステリー 亜澄錬太郎の事件簿8［九州編］ 偽りの才媛」（C&R研究所）がある。

編集担当：西方洋一 ／ カバーデザイン：秋田勘助（オフィス・エドモント）

SUPERサイエンス「水」という物質の不思議な科学

2023年1月25日　初版発行

著　者　齋藤勝裕

発行者　池田武人

発行所　株式会社　シーアンドアール研究所
新潟県新潟市北区西名目所 4083-6（〒950-3122）
電話　025-259-4293　FAX　025-258-2801

印刷所　株式会社　ルナテック

ISBN978-4-86354-405-5 C0043